よくわかる
パワー
エレクトロニクス

森本　雅之［著］

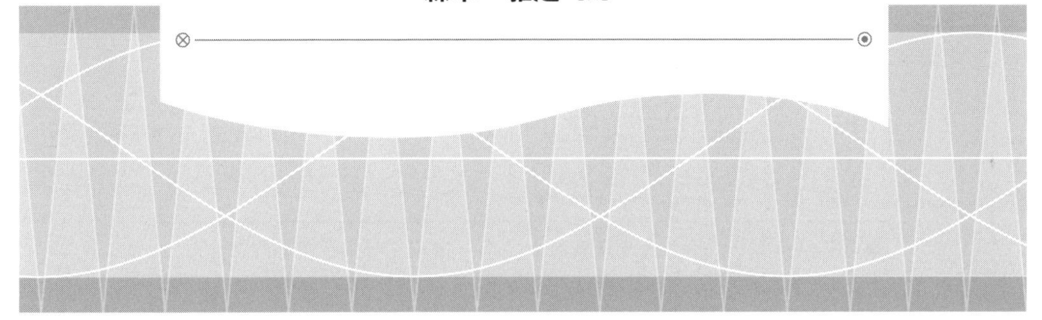

森北出版株式会社

はじめに

パワーエレクトロニクスは電力を扱うエレクトロニクスである．パワーエレクトロニクスが主に使われているのは電動機の制御や電源などという比較的地味なところが多い．そのため関連する分野の以外の方々にはあまりなじみがない技術であったように思われる．パワーエレクトロニクスは表舞台に出ることは少なく，縁の下を支える技術だった．しかし，近年，パワーエレクトロニクスは急激に発展した．そのためパワーエレクトロニクスがあらゆるところに使われ，電気の有効利用に活用されるようになった．いまやパワーエレクトロニクスの時代がやってきたといっても過言ではない．

現在のパワーエレクトロニクスの技術を俯瞰してみると，これまでの多くのパワーエレクトロニクスの教科書ではあまり扱わなかった新しい技術や考え方が取り入れられてきている．それは，

・IGBT をはじめとする高速なパワーデバイスの利用，
・高性能なコンピュータによる高度な制御，
・永久磁石の進歩による電動機の大きな変革への対応，

などである．

これらにより，パワーエレクトロニクスは単なる電力変換の技術ではなく，エネルギー制御の技術となったと筆者は考えている．高速スイッチングが容易に行えるようになったのでパワーエレクトロニクスを使えば高効率な電流源を構成することができるようになった．このことは電気の利用という点で大きな意味がある．電気の利用とは電流の 3 作用（熱作用，磁気作用，化学作用）を利用することである．電流を制御することは熱，磁気，化学のエネルギーを直接制御することになる．つまり，パワーエレクトロニクスはエネルギーを制御する技術に変革したのである．

電気系の多くの学生がパワーエレクトロニクスを学んで卒業してゆく．このように大きく変革を続けているパワーエレクトロニクスを学ぶにあたっては，現在の知識ではなく将来の進歩につながる基礎をしっかり身につけておかなくてはならない．本書はパワーエレクトロニクスに共通する基礎，基本とさらにはセンスが学べるように執筆したつもりである．技術が進歩し，変化していっても基礎や基本が身についていればいつでも適応できるはずである．そのため，本書では多くの回路や式を示して知識を広げることは避け，基本に流れる考え方を学べるように配慮したつもりである．具体的な回路や詳細な解析などは多くの専門書が参照できる．もし，そのようなことに

興味を持ったらぜひ図書館に足を向けて調べてみてほしい.

最後にこの教科書で学ぶ学生諸君にお願いする. 章末の演習問題は, まず自分の頭で考え, 計算してほしい. 巻末の解答を見るのは最後にしていただきたい. 筆者の狙いは解き方を暗記することではない. 解答するために本文を見直し, 自分の頭で考えて, 自分の答えを出してもらうことにある. 答えが合っているかどうかではなく, 自分で考えたというプロセスが大切だと思っている. もちろん, 最終的には正答にたどりついてほしい.

本書でパワーエレクトロニクスを学んだ学生諸君が将来の電気エネルギーの有効利用に貢献できることを期待している.

2016年9月

森本　雅之

目　次

記号の説明

電圧，電流などの記号は時間的に変化するものは英小文字で表す．一定値のものや平均値は英大文字で表す．正弦波交流は $v = \sqrt{2}V \sin\theta$ または $v = \sqrt{2}V \sin\omega t$ と表す．

	記号	説明	単位	備考
交流電圧	$v, v(t)$	交流電圧の瞬時値	[V]	時間的に変化する場合
	V	交流電圧の実効値	[V]	$v = \sqrt{2}V \sin\theta$
	V_{eff}	交流電圧の実効値	[V]	定義から求めた場合
	V_m	交流電圧の波高値（最大値）	[V]	正弦波の場合，$V_m = \sqrt{2}V$
	V_{rms}	ひずみを含んだ交流電圧の実効値	[V]	フーリエ級数展開した場合
	V_{ave}	交流電圧の平均値	[V]	
	V_{mean}	交流電圧の半周期平均値	[V]	
	V_1	ひずみを含んだ交流電圧の基本波成分	[V]	フーリエ級数展開した場合
	V_{1rms}	ひずみを含んだ交流電圧の基本波成分の実効値	[V]	フーリエ級数展開した場合
	$V_2, V_3, \cdots, V_n$	2 次，3 次，$\cdots$，n 次の高調波電圧成分	[V]	フーリエ級数展開した場合
交流電流	$i, i(t)$	交流電流の瞬時値	[A]	時間的に変化する場合
	I	交流電流の実効値	[A]	$i = \sqrt{2}I \sin\theta$
	I_{eff}	交流電流の実効値	[A]	定義から求めた場合
	I_m	交流電流の波高値（最大値）	[A]	正弦波の場合，$I_m = \sqrt{2}I$
	I_{ave}	交流電流の平均値	[A]	
	I_{rms}	ひずみを含んだ交流電流の実効値	[A]	フーリエ級数展開した場合
	I_1	ひずみを含んだ交流電流の基本波成分	[A]	フーリエ級数展開した場合
	$I_2, I_3, \cdots, I_n$	2 次，3 次，$\cdots$，n 次の高調波電流成分	[A]	フーリエ級数展開した場合
直流回路	E	直流電圧	[V]	
	I	直流電流	[A]	
	e_d	変動する直流回路の電圧	[V]	
	i_d	変動する直流回路の電流	[A]	
	E_d	直流回路の電圧の平均値	[V]	
	I_d	直流回路の電流の平均値	[A]	
電力	P	一般的な電力，有効電力	[W]	
	$p, p(t)$	瞬時電力	[W]	
	S	皮相電力	[VA]	
	Q	無効電力	[var]	
	PF	力率，総合力率		

	記号	説明	単位	備考
電力	η	効率		
	ϕ	力率角，位相角	[°] [rad]	
回路	i_D	ダイオード電流の瞬時値	[A]	
	I_D	ダイオード電流の平均値	[A]	
	i_C, v_C	コンデンサ電流，電圧の瞬時値	[A], [V]	
	I_C，V_C	コンデンサ電流，電圧の平均値	[A], [V]	
	i_R, v_R	抵抗の電流，電圧の瞬時値	[A], [V]	
	I_R, V_R	抵抗の電流，電圧の平均値	[A], [V]	
	i_L, v_L	インダクタンス電流，電圧の瞬時値	[A], [V]	
	I_L, V_L	インダクタンス電流，電圧の平均値	[A], [V]	
	i_S, v_S	スイッチを流れる電流，電圧	[A], [V]	
	P_R	抵抗 R で消費する電力	[W]	
周波数・時間	T	周期	[s]	
	t	時間	[s]	
	T_{ON}, T_{OFF}	オン期間の時間，オフ期間の時間	[s]	
	d	デューティファクタ		
	f_s	スイッチング周波数	[Hz]	
	f_c	キャリア周波数	[Hz]	
	f_r	信号波周波数	[Hz]	
パワーデバイス	V_{on}	パワーデバイスのオン電圧	[V]	オン時の電圧降下
	I_{off}	パワーデバイスの漏れ電流	[A]	オフ時に流れる電流
	t_{on}, t_{off}	パワーデバイスのオン時間，オフ時間	[s]	
	V_{CE}	コレクタ・エミッタ間電圧	[V]	
	P_{on}	オン損失	[W]	
	P_{sw}	スイッチング損失	[W]	
	I_C, I_B	コレクタ電流，ベース電流	[A]	
エネルギー	U_L	磁気エネルギー	[J]	
	U_C	静電エネルギー	[J]	

1 パワーエレクトロニクスとは

1.1 はじめに

パワーエレクトロニクス (power electronics) とは電力（パワー）を制御するエレクトロニクスの技術および装置である．パワーエレクトロニクスは電圧が高く，電流が大きい，電力を扱うためのエレクトロニクスであると理解してもよい．

パワーエレクトロニクスの一般的な構成を図 1.1 に示す．点線で囲まれた主回路と制御部から構成されている部分をパワーエレクトロニクスとよんでいる．主回路は高電圧，大電流を扱う回路である．制御部は主回路の制御を行う．ここで注意したいのは制御部に向けて，電源からの矢印とエネルギー変換機器およびエネルギー利用機器（負荷）からの矢印があることである．これは制御部に電源や負荷からの信号や情報が入ることを示している．つまりパワーエレクトロニクスの制御部では負荷や電源の状況も考慮に入れて主回路を制御している．

パワーエレクトロニクスは主回路をどのように制御するかで性能や機能が決まってしまう．パワーエレクトロニクスは単なる回路技術ではなく，制御の方法や内容も扱う技術である．すなわち，負荷をよく知り，負荷に適応させて制御することが必要である．一方，主回路のことがわからずにブラックボックスの状態では，いくら負荷を知り尽くして制御しても主回路によって何ができるかがわからない．したがって主回路をよく知る

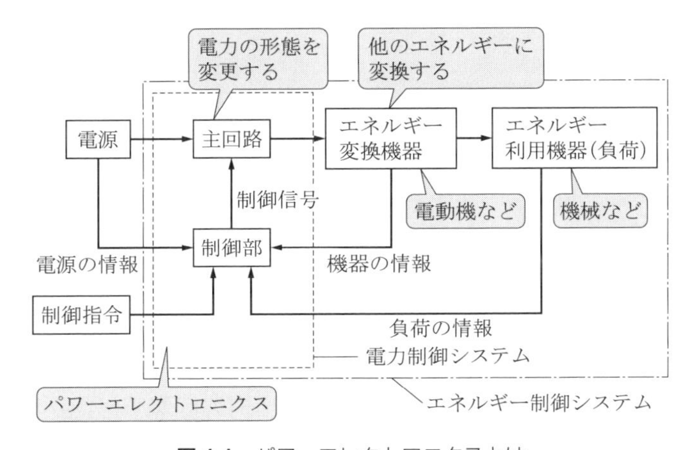

図 1.1 パワーエレクトロニクスとは

ことも必要である．また，電源からパワーエレクトロニクスに電力が供給され，あるいは逆にパワーエレクトロニクスから電源に電力を供給することも行う．その際に電源の状況がわからないと電源の状態を乱してしまい，電力を有効に活用できなくなる．そのためには電源をよく知り，電源の状態に応じて制御することも必要とされる．

パワーエレクトロニクスを学ぶためにはパワーエレクトロニクスそのものだけでなく，その周辺の技術の広範な理解が必要である．そこで本書ではパワーエレクトロニクスによって行う電力の制御について，パワーデバイス，主回路や，その直接的な制御を述べるばかりでなく，電源や負荷も考慮した広い意味での制御の考え方，応用するための考え方についても述べてゆく．

1.2　電力変換とは

パワーエレクトロニクスは電力を制御する．電力の制御とは電力を利用するために電力の形態を変換することである．したがってパワーエレクトロニクスは電力変換 (power conversion) ともよばれる．

電力の形態を変換するというのは電力を決めている要因を調節，変更するということである．表 1.1 に電力の形態を決める要因を示す．直流電力の場合，電力の形態は電圧と電流のみにより決定される．一方，交流電力の場合，電圧，電流に加えて周波数も電力の形態を決める要因になる．交流の場合にはさらに位相という要因も考慮する必要がある．パルス電力の場合には，電圧，電流のピーク値ばかりでなく，パルス幅や電圧電流の変化の速さを示す立ち上がり，立ち下がりも電力の要因として考慮する必要がある．

表 1.1　電力の形態

電力の種類	要因
直流電力	電圧，電流
交流電力	電圧，電流，相数，周波数，位相
パルス	パルス幅，振幅，繰り返し，立ち上がり・立ち下がり

電力の形態の変換とは直流電力を交流電力に変換したり，直流電力を別の電圧の直流電力に変換したりすることである．交流を直流に変換する「整流 (rectify)」は真空管の時代から広く使われていた．そのため，パワーエレクトロニクスにより可能になった直流から交流への変換を「逆変換 (invert)」とよぶようになった†．そのため，交流を直流に整流することをあえて順変換ともよぶ．電力変換を図 1.2 に示す．直流電力

† これがインバータという名称の由来である．

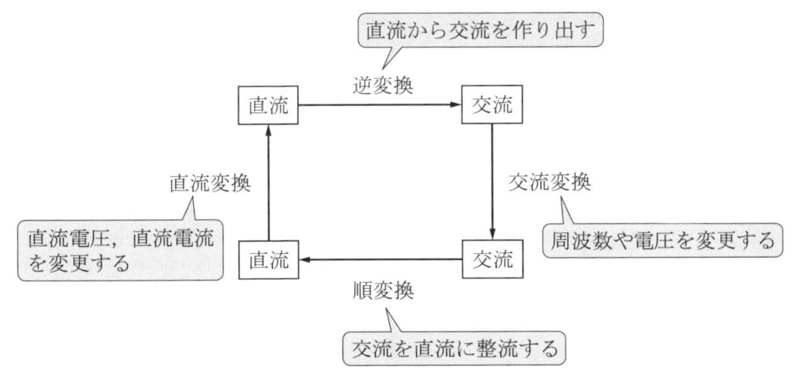

図 1.2 電力変換

を別の直流電圧または電流に変換することは直流変換とよばれる．交流電力を直接別の周波数の交流電力に変換したり電力を調整したりするのを交流変換という．またパルス電力は直流電力からパルスを切り出すことにより変換されることが多い．わが国では，これらの電力変換を行う電力変換器は電力の変換形態ごとにインバータなどの名称を使い分ける．しかし海外では電力の形態に関わらずに電力変換装置をすべてコンバータ (power converter) とよぶことが多い．

図 1.2 で示した電力変換は直接電力変換とよばれる．これらの直接電力変換を複数組み合わせたものを間接電力変換という．多くのパワーエレクトロニクス機器は間接電力変換により電力変換を行っている．たとえば交流 – 直流 – 交流という変換により交流電源を直流に変換し，さらに直流を逆変換して希望する周波数の交流電力を作り出す電源装置（汎用インバータ）などがある．

1.3 エネルギー制御

電気エネルギーを他のエネルギーの形態に変換することをエネルギー変換という．エネルギー変換機器とは電気エネルギーを熱，光など他の形態のエネルギーに変換するものである．このとき，エネルギー変換機器へ与える電力を制御すればエネルギーを制御することができる．つまり，パワーエレクトロニクスはエネルギーの制御に使われる．エネルギーを制御するとは図 1.1 に示したように，制御指令に基づき，電源，エネルギー変換機器およびエネルギー利用機器の状態に応じて電気エネルギーの形態を調節することである．パワーエレクトロニクスを用いたシステムは電力を制御するシステムであるが，広い意味では電源およびエネルギーの変換や利用する機器も含めた総合的なエネルギー制御システムであると考えてよいだろう．

電気エネルギーを利用するとは電流の3作用を利用することである．電流の3作用とは電流の熱作用，電流の磁気作用そして電流の化学作用である．これらを利用するためには電流を適切に制御することが必要である．電流を制御することによって熱，磁気および化学エネルギーを制御することができるのである．

1.4　パワーエレクトロニクスの技術

パワーエレクトロニクスはこのように電力の形態を負荷あるいは電源にあわせて調節・制御する．すなわち，負荷あるいは電源に対し，理想的な電圧源または電流源となってはたらくようにするのが最終的な目標である．しかし，現実の回路素子や部品は理想素子ではなく，応答遅れや制御時間の制約がある．さらには磁気飽和や電磁誘導などの電磁気現象が回路に生じる．そのため，パワーエレクトロニクスにより得られる電力波形は理想的な形状になっておらず，さらに，損失も発生する．このようなめざすべき理想の状態と現実の回路で生じる電力との形態の違いを明らかにして，そこを埋めてゆくのがパワーエレクトロニクスの技術であるともいえる．

1.5　パワーエレクトロニクスの広がり

パワーエレクトロニクスは広い分野で活用されている．表1.2に代表的な例を示す．生活・社会のあらゆる分野でパワーエレクトロニクス機器が活用されている．このような活用の広がりはパワーエレクトロニクスにより次のようなニーズに対応できるようになったからである．

(1) 省エネルギー

今日パワーエレクトロニクスが大きく発展するきっかけとなったのは1980年代のファン，ポンプなどの回転数制御による省エネルギーである．図1.3に回転数制御による省エネルギーの原理を示す．それまでのファン，ポンプなどの流体機器では流量を調節するには流路中の弁やじゃま板などを使い，駆動する電動機は一定回転数で運転していた．この場合，流量の低下にともない電動機の負荷が軽くなるので，同一回転数でも電動機の消費電力はやや低下する．これに対してパワーエレクトロニクスにより流量に応じて電動機の回転数を調節すれば電動機の入力電力が大きく低下する．図に示すように回転数を調節して流量を50%にしたとき，電力は50%以上低下する．ファン，ポンプ類は電力消費の大きな部分を占めており，ファン，ポンプの回転数制御による省エネルギーの効果は大きい．この特性は古くから知られていたが，あまり使われていなかった．実用化のきっかけは省エネルギーの社会的ニーズが高まったこ

表 1.2 パワーエレクトロニクスの広がり

領域	例	代表的な機能
家庭	エアコン，冷蔵庫，洗濯機，掃除機などの白物家電	電動機制御
	蛍光灯，LED などの照明	高周波点灯と安定化
	IH 炊飯器，IH クッキングヒーター	誘導加熱
	CD，DVD，HDD などの情報機器	電動機制御
	ソーラーシステム	交流電力制御，系統連系
	エコキュート（ヒートポンプ給湯機）	電動機制御
	携帯電話	バイブレーション，充電器
自動車	電気自動車	電動機制御
	ハイブリッド自動車	充電制御，走行制御
	電動パワーステアリング	電動機制御
	電動カーエアコン	電動機制御
ビル・公共施設	エレベータ，エスカレータ	電動機制御
	非常用電源，通信用電源	CVCF 電源
	移動式スタジアム	電動機制御
	水道ポンプ，排水ポンプ	電動機制御
	空調，換気	電動機制御
鉄道	電車，機関車	電動機駆動
	照明・空調用補助電源 (SIV)	直流交流変換
	変電所	交流直流変換
工場・産業	ロボット，サーボモータ	電動機制御
	鉄鋼圧延機	電動機制御
	印刷機，輪転機	電動機制御
	めっき，加熱炉	電力制御，電流制御
	誘導加熱	高周波電力制御
電力設備	周波数変換所	電力変換
	アクティブフィルタ	電力波形補償
	STATCOM	力率補償
発電所	可変速揚水発電	電動機制御
	直流送電	交流直流変換
	燃料電池，風力発電	系統連系
宇宙・航空・船舶	フライバイワイヤ	電動機制御
	衛星搭載電源	太陽電池
	電気推進船	電動機制御

と，およびパワーエレクトロニクス機器が容易に利用できるようになったことである．すなわち回転数を制御するために追加する機器の費用が省エネルギーによる電力費用の削減額より安価になったということである．パワーエレクトロニクスの応用では，

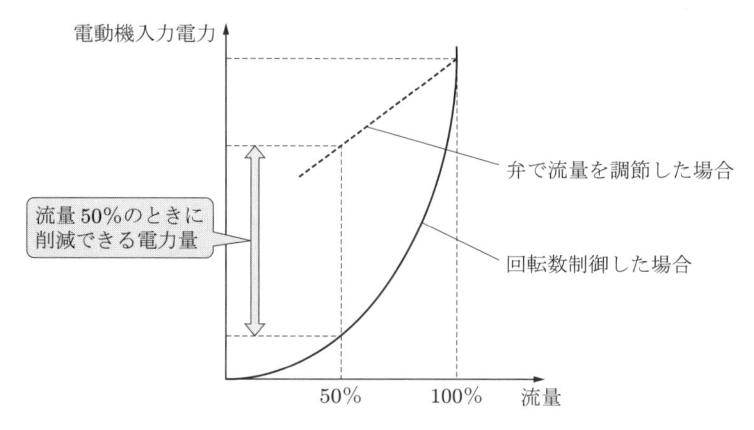

図 1.3　流体機器の回転数制御による省エネルギー

このように機器のコストや使用電力量の料金というものが問題になってくる.

(2) 高機能化

一定速度で回る電動機を用いるアナログレコード盤, カセットテープなどを使っていた時代には回転を一定にすることで情報の書込み, 読出しを行っていた. そのため, パワーエレクトロニクスの技術はそれほど使われていなかった. CD や DVD などのディジタル情報機器では電動機をパワーエレクトロニクスによって精密に制御することにより書込みや読出しを高速で行っている. そのほかの情報機器の電動機もパワーエレクトロニクスで制御されているものが多い.

工場設備などでも電動機を精密に制御することにより機械が精密に制御できるようになり, ものづくりが高度化した. また, パワーエレクトロニクスにより油圧装置を廃止し, 電動化することにより設備の保守も簡便になった.

(3) 小型化

パワーエレクトロニクスは機器の小型化をもたらした. 小型化は同時に軽量化にもつながる. 携帯用機器の電源や駆動装置が小型軽量化したことは, 携帯電話, パソコンなどが爆発的に広がった理由の一つである. また, パワーエレクトロニクスの小型軽量化により高性能な電気自動車が実現した. 電車の床下に設置されるパワーエレクトロニクス機器も小型化し, 軽量で高速な鉄道車両が実現している.

小型化に貢献した技術には高速化ということがある. 高速化には次の二種類の高速化がある. 一つは電動機の回転数の高速化である. 商用電源で交流電動機を直接駆動すると一般には 3600 rpm が回転の上限である. パワーエレクトロニクスの導入により増速機なしでもさらに高い回転数で運転することが可能になり, 装置を小型化できるようになる.

もう一つの高速化はパワーエレクトロニクス機器の動作の高速化である．後述するように，パワーエレクトロニクスはスイッチング動作が基本である．パワーデバイス(power device) が高速スイッチングできるようになるとパワーエレクトロニクス機器の動作や制御が高速になる．このことはコイルやコンデンサなどの周波数に対応するインピーダンスを持つ受動部品の小型化にもつながっている．

小型化に貢献したもう一つの技術として低損失化がある．パワーデバイスや回路部品の損失が低下し，放熱装置を小さくできるようになった．さらに冷却技術が進歩したことも小型化に寄与している．

(4) 新しい応用の出現

パワーエレクトロニクスの導入によりそれまで不可能だったことが実現できるようになった．IH クッキングヒーターは高周波電力をコイルに流し，電磁誘導により生じるうず電流の発熱を利用する．これは誘導加熱とよばれる．誘導加熱は工業用には古くから使われてきていた．パワーエレクトロニクスの発展によりコンパクトな装置としてまとめることが可能になり，家庭用の IH クッキングヒーターが一般的になった．これにより急速加熱が可能になったことばかりでなく，調理の際の排熱が減るので省エネルギーとなり，調理場の環境改善などの効果も得られている．

太陽電池は光を直流電力に変換するもので，直流で動作する電卓などには古くから使われてきた．しかし家庭用の発電装置として使うためには発電した直流電力を商用電源と同じ交流に変換する必要がある．直流－交流変換して商用電力系統と連系するための装置をパワーコンディショナとよんでいる．太陽電池本体の価格が低下したことはもちろんであるがパワーコンディショナが家庭に設置可能な大きさ，価格になったことも家庭用太陽光発電装置が普及した大きな要因である．

ここまでに述べたように，現在ではパワーエレクトロニクスは私たちの生活に欠かせない技術となっている．

第 1 章の演習問題

1.1　次の場合の電力を求めよ（電気回路の復習）．

(1) 直流電圧 12 V，直流電流 0.5 A のとき．

(2) 周波数 50 Hz の単相交流において電圧 110 V，電流 12.7 A，力率 90%のとき．

(3) 電圧が直流 20 kV，電流がパルスでそのピーク値が 0.1 A，パルス幅（半値幅）が 2 μs の三角波のときのピーク電力（問図 1.1）．

1.2　消費電力 400 W の電熱器を運転したとき，生じる熱エネルギーの大きさを求めよ．ただし，電熱器の消費電力はすべて熱に変換されると仮定する．

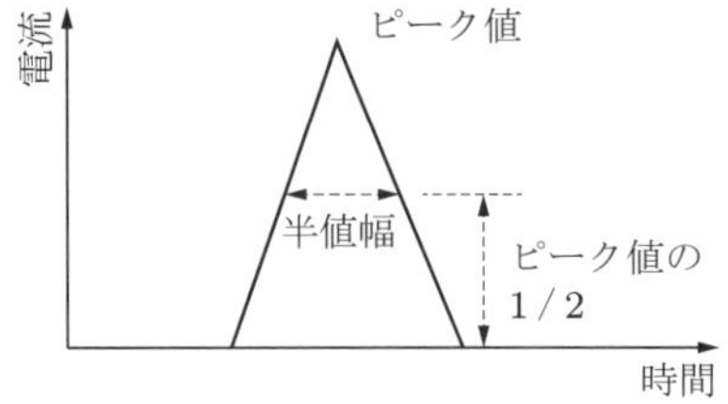

問図 1.1

1.3　電気自動車が 75 km/h で走行中にブレーキをかけたところ5秒間で停止した．回生ブレーキを使って電力として回収した場合，回収可能な電力量を求めよ．ただし，自動車の重量は 1 t であり，機器には損失がないと仮定する．

2 スイッチングによる制御

本章ではパワーエレクトロニクスの基本となるスイッチングによる制御について説明する．パワーエレクトロニクスはオンとオフの二つの状態を順次切り換えることにより電力が望みの形態になるように制御する．しかし，オンとオフの切り換えは実際のスイッチでは瞬時に行われるわけではなく，ある時間がかかって切り換わる．また切り換えにより回路に過渡現象が生じてしまう．ここでは理想的なスイッチを考え，スイッチングによる制御について説明してゆく．

2.1 オンとオフのスイッチング

パワーエレクトロニクスはスイッチをオンオフ（開閉）することが制御の基本である．スイッチの開閉を繰り返すことによる制御をスイッチング (switching) とよぶ．スイッチングによって電力を調節する原理を図 2.1 により説明する．この回路では直流電源 E と負荷抵抗 R の間にスイッチ S がある．このスイッチを繰り返しオンオフしたとしよう．このとき負荷抵抗の両端の電圧はスイッチがオンすると E となり，オフのときには 0 となる．負荷抵抗に印加される電圧の平均値はオンとオフの時間に応じて決まる．オンしている時間を T_{ON}，オフしている時間を T_{OFF} とする．オン時間 T_{ON} とオフ時間 T_{OFF} をあわせた一組の時間をスイッチング周期 T とよぶ．

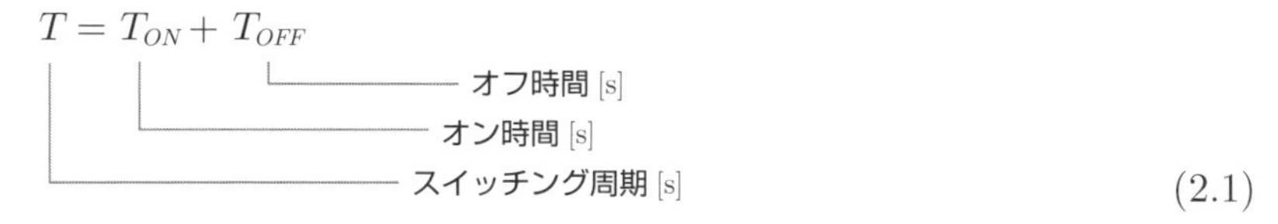

(2.1)

スイッチング周期に対して十分長い時間を考えたとき，電圧の平均値が負荷抵抗に印加される平均電圧となる．

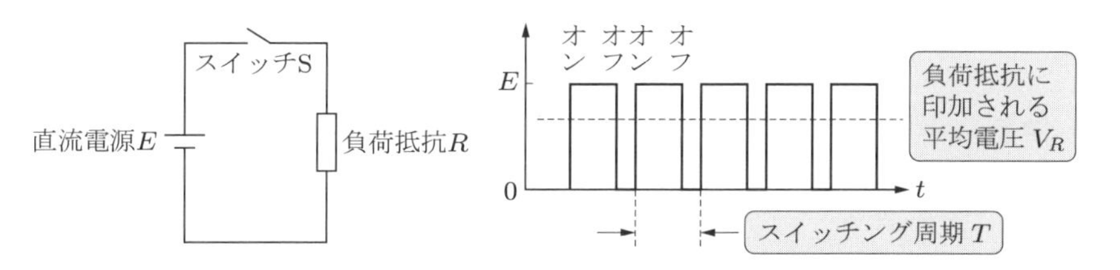

図 2.1　スイッチングによる制御の原理

いま図2.2に示すような回路において，直流電源 E の電圧を200 V とし，10 Ω の抵抗に40 V の直流電力を与えることを考える．スイッチSのスイッチング周期を T，オンする時間を T_{ON} とする．負荷抵抗には T_{ON} の期間だけ200 V が印加される．このとき

$$\frac{T_{ON}}{T} = 0.2 \tag{2.2}$$

スイッチのオン時間
スイッチング周期（オン時間＋オフ時間）

となるようにスイッチのオンオフを繰り返すと，負荷抵抗に印加される電圧 v_R の平均電圧 V_R は次のようになる．

$$V_R = E \cdot \frac{T_{ON}}{T} = 200 \times 0.2 = 40\,\text{V} \tag{2.3}$$

オン時間
スイッチング周期
電源電圧
負荷抵抗にかかる電圧平均値

このとき，オンオフ時間を比率で表し，デューティファクタ (duty factor) d とよぶ．

$$d = \frac{T_{ON}}{T_{ON} + T_{OFF}} = \frac{T_{ON}}{T} \tag{2.4}$$

オン時間
スイッチング周期
デューティファクタ

デューティファクタ d により出力電圧を表すと次のようになる．

$$V_R = d \cdot E \tag{2.5}$$

電源電圧
デューティファクタ
平均電圧

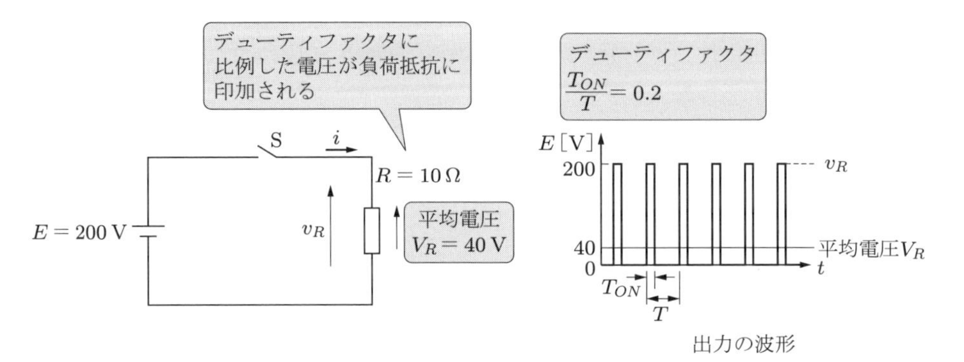

図 2.2　デューティファクタによる電圧制御

このような周期でオンオフを繰り返すとき，デューティファクタを 0.2 に制御しているという．平均電圧 V_R が 40 V なので，10 Ω の負荷抵抗には 4 A の平均電流が流れている．負荷抵抗を流れる電流も T_{ON} の期間だけ流れる．電流も電圧と同じように断続している．このような回路は電圧を断続させるのでチョッパ (chopper)† とよばれる．

オン時間とオフ時間の和であるスイッチング周期 T の逆数をスイッチング周波数 f_s (switching frequency) とよぶ．

$$f_s = \frac{1}{T}\,[\mathrm{Hz}] \tag{2.6}$$

（T：スイッチング周期，f_s：スイッチング周波数）

一般のパワーエレクトロニクス回路では周期 T が数 ms 以下になるように高速でスイッチングする．したがってスイッチング周波数 f_s は数 100 Hz 以上である．当然のことながらオンしている時間 T_{ON} は周期 T より短い時間である．

電圧の平均値 V_R は電圧波形 $v(t)$ をスイッチング周期の区間で定積分することにより得られる．すなわち，この例の場合，T を 1 とすると T_{ON} は 0.2 と考えることができるので，次のように求める．

$$\begin{aligned} V_R &= \int_0^T v(t)dt = \int_0^{T_{ON}} E dt + \int_{T_{ON}}^T 0 \cdot dt \\ &= \int_0^{0.2} 200 \cdot dt + \int_{0.2}^1 0 \cdot dt = 0.2E = 40\,\mathrm{V} \end{aligned} \tag{2.7}$$

（$\int_0^T v(t)dt$：波形の面積を求める，右辺の二つの積分：波形の区間に分ける，$\int_0^{0.2}$：オン時間，$\int_{0.2}^1$：オフ時間）

つまり，平均電圧とは電圧波形 $v(t)$ の面積であると考えればよい（図 2.3）．

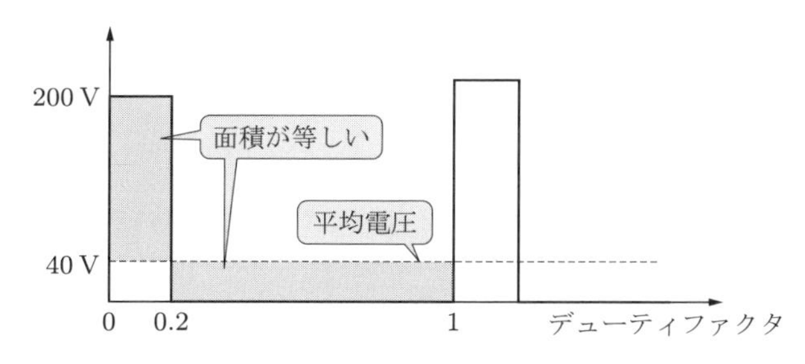

図 2.3　電圧の平均値と面積

† 肉切り庖丁のこと．電圧を切り刻むことに由来する．

2.2 電流の平滑化

パワーエレクトロニクスを利用する場合，パワーエレクトロニクス回路から出力される電流を利用することが多い．しかし，図2.1で示したような場合，電流も電圧と同じように断続してしまう．電流が断続しないようにするために平滑回路 (smoothing circuit) を用いる．平滑回路にはインダクタンス L，ダイオードD，およびコンデンサ C を用いる．

まず，回路にインダクタンス L とダイオードDを取り付けた図2.4を考える．このときの負荷抵抗 R の両端の電圧 v_R と負荷抵抗に流れる電流 i_R の波形を図2.5(a)に示す．スイッチSがオンしている期間ではスイッチを流れる電流 i_S は

電源のプラス　→　L　→　R　→　電源のマイナス

と流れる．ダイオードDは逆極性なので導通していない．このとき，$i_S = i_L = i_R$ である．スイッチSがオンすると，インダクタンス L と抵抗 R の直列回路の過渡現象により電流 i_S はゆっくり上昇する．スイッチがオンしている期間はインダクタンスに電流が流れているので，インダクタンスには

$$U_L = \frac{1}{2}L \cdot {i_L}^2 \tag{2.8}$$

（i_L：インダクタンスを流れる電流，U_L：インダクタンスに蓄えられるエネルギー）

の磁気エネルギーが蓄積されてゆく．

スイッチSがオフするとインダクタンスには電流が電源から供給されなくなる．しかしインダクタンスにはエネルギーが蓄積されているため，電流がすぐにゼロにはならず，減少してゆく．このときインダクタンスに蓄えられたエネルギーは

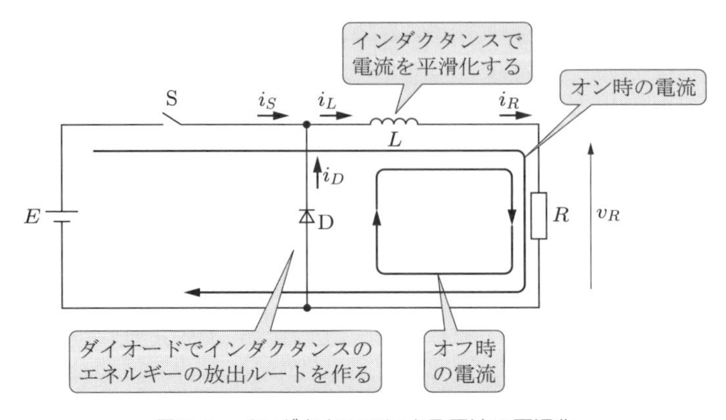

図2.4　インダクタンスによる電流の平滑化

$$L \rightarrow R \rightarrow D \rightarrow L$$

という経路を流れる電流となる．インダクタンスは蓄えられたエネルギーを放出し，それまで流れていた電流と同一方向に電流を流し続けるようなはたらきをする．インダクタンスに蓄積されたエネルギーが起電力となり電流を流し続けようとする．

インダクタンスの性質とは電流の変化が少なくなるような動きをするということである．そのためインダクタンスに生じた起電力による電流は負荷抵抗 R に流れ，ダイオード D を導通させる．これを還流という．これによりスイッチのオフ期間には電流 i_D が流れる．このとき $i_D = i_L = i_R$ であり，$i_S = 0$ である．つまり，負荷抵抗 R に流れる電流 i_R は i_S と i_D が交互に供給することになる．このようにすれば，電流は断続しなくなり，図 2.5 (a) に示すように変動するようになる．このような周期的な変動をリプル（脈動，ripple）という．

このような電流のリプルを低下させるには図 2.6 に示すようにコンデンサを追加する．コンデンサは電流 i_C が流れると，電圧 v_C がゆっくり上昇してゆき，静電エネル

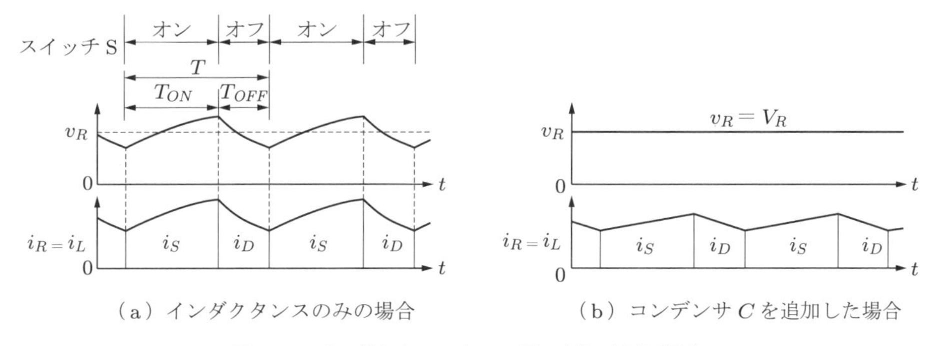

図 2.5 インダクタンスとコンデンサによる平滑化

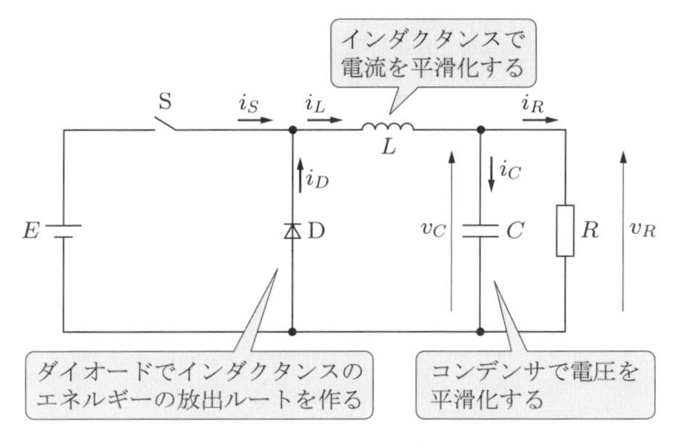

図 2.6 コンデンサを追加した回路

ギーを蓄積する．これを充電するという．

$$U_C = \frac{1}{2}C \cdot {v_C}^2 \tag{2.9}$$

（v_C：コンデンサの電圧，U_C：コンデンサに蓄えられるエネルギー）

コンデンサに電流が供給されなくなると，コンデンサに蓄積されたエネルギーが放出され，電圧 v_C が徐々に低下する．つまり，コンデンサは電圧の変化を抑えるはたらきがある．コンデンサにより電圧は図 2.5(b) に示すように平滑化され，電流の変動も小さくなる．コンデンサ C の容量が十分大きいとすれば，負荷の両端に現れる電圧 v_R はほぼ一定の V_R となる．このようなはたらきをするコンデンサを平滑コンデンサ (smoothing capacitor) とよぶ．

このようにスイッチングすることにより平均電圧を制御し，さらに平滑化すれば，ほぼ直流の電圧が得られる．平均電圧が制御できればオームの法則から平均電流の制御も行えることがわかる．ここで注意してもらいたいのは負荷抵抗 R の大きさにより電圧や電流のリプルの大きさが変化することである．平滑回路のインダクタンス L やコンデンサ C を限りなく大きくするのは現実的ではない．L や C の大きさは負荷抵抗 R に応じて最適なものを選定しなくてはならない．

2.3　スイッチングを使わない電圧制御

スイッチングしないで直流電圧を変化させることを考えてみよう．図 2.7 は図 2.2 のスイッチを可変抵抗 VR に変更した回路である．この回路において，負荷抵抗 R に電流 I が流れているとすれば負荷抵抗で消費する電力 P_R は

$$P_R = I^2 R \tag{2.10}$$

（P_R：負荷抵抗で消費する電力）

である．しかし，可変抵抗 VR でも

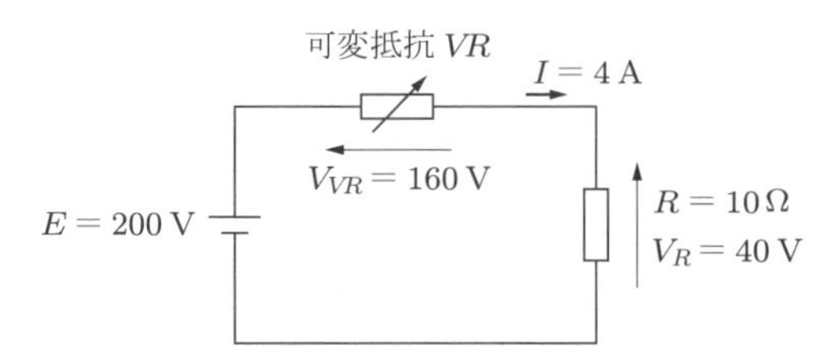

図 2.7　可変抵抗による電圧制御

$$P_{VR} = I^2(R_{VR}) \tag{2.11}$$

（R_{VR}：可変抵抗の抵抗値，P_{VR}：可変抵抗で消費する電力）

の電力を消費している．

この回路で入力電圧 $E = 200\,\mathrm{V}$ のときに $10\,\Omega$ の負荷抵抗 R の両端の電圧 V_R が $40\,\mathrm{V}$ になるように可変抵抗を調節する場合，可変抵抗の両端の電圧 V_{VR} が $160\,\mathrm{V}$ にしなければならない．このとき，可変抵抗は $40\,\Omega$ となるはずである．負荷抵抗 R に流れる電流は $40\,\mathrm{V}/10\,\Omega = 4\,\mathrm{A}$ である．このとき可変抵抗 VR を流れる電流も $4\,\mathrm{A}$ であるから可変抵抗の消費する電力は $4 \times 160 = 640\,\mathrm{W}$ となる．一方，負荷抵抗で消費する電力は $160\,\mathrm{W}$ である．装置の効率 η は出力電力と入力電力の比で表されるので次のようになる．

$$\eta = \frac{[\text{出力電力}]}{[\text{入力電力}]} = \frac{160}{160 + 640} = 0.2 \tag{2.12}$$

（640：負荷抵抗の消費電力＝損失，160：出力電力，η：効率）

したがってこのときの効率は 20%である．この回路は負荷抵抗で消費する $160\,\mathrm{W}$ という電力を調節するための回路である．$160\,\mathrm{W}$ という目的の電力を出力するために $640\,\mathrm{W}$ の損失が生じてしまう．利用しようとしている電力の 5 倍の入力電力が必要になってしまう回路である．このようにスイッチングによる電力変換を使わないと大きな損失を生じることがある．

▶ 復習　LR 直列回路の過渡現象

LR 直列回路に直流電圧を印加したときの電流は次のように変化する．

$$i(t) = \frac{E}{R}\left(1 - e^{-\frac{R}{L}t}\right)$$

回路図と電流波形を図 2.8 に示す．スイッチをオンすると，電流は徐々に増加する．

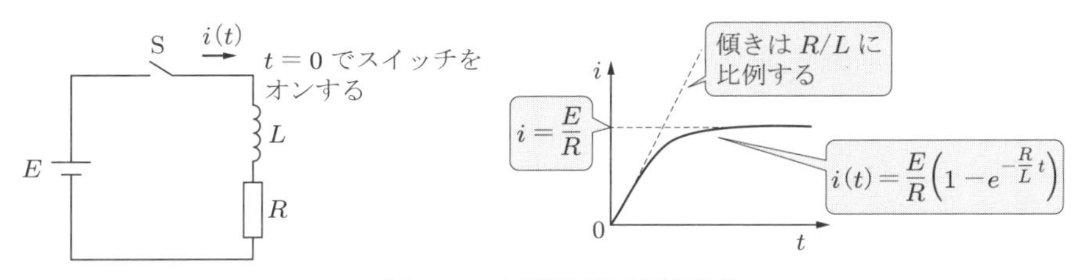

図 2.8　LR 直列回路の過渡現象

スイッチをオンした瞬間 ($t = 0$) の電流の傾きは R/L に比例する．十分時間がたったとき ($t = \infty$)，電流は E/R となり一定値になる．電流が徐々に増加している間にインダクタンスにエネルギーが蓄積されてゆく．

第2章の演習問題

2.1　問図 2.1(a) に示す回路のスイッチング波形が図 (b) のようであったとき，次の諸量を求めよ．

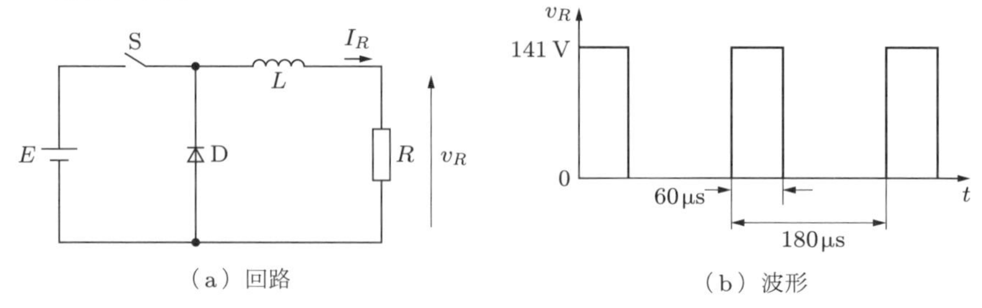

（a）回路　　（b）波形

問図 2.1

(1) 負荷抵抗 R の両端の平均電圧 V_R

(2) デューティファクタ d

(3) スイッチング周波数 f_s

(4) 負荷抵抗 R に流れる平均電流 I_R を 2 倍にするためのオン時間 T_{ON}

2.2　問図 2.1 の回路において，7 Ω の負荷抵抗に 10 A の直流電流を流したい．スイッチング周波数を 10 kHz に設定した場合，スイッチのオン時間 T_{ON} はいくらか．

2.3　本文の図 2.7 の回路で $E = 100\,\text{V}$，$V_R = 24\,\text{V}$，$R = 2\,\Omega$ としたとき，次の諸量を求めよ．

(1) 負荷抵抗 R を流れる電流 I_R

(2) 可変抵抗 VR で消費する電力 P_{VR}

(3) 回路の効率 η

3 降圧チョッパと昇圧チョッパ

スイッチングによりパワーエレクトロニクス回路は動作する．ここでは，スイッチングの基本回路となる降圧チョッパと昇圧チョッパの二つの回路について説明する．パワーエレクトロニクスの回路はこの二つの回路を基本とした回路が多い．

3.1 降圧チョッパ

降圧チョッパ (step-down chopper) を図 3.1 に示す．第 2 章で説明した図 2.6 と同一の回路である．降圧チョッパは直流電圧を低い電圧に変換する回路である．降圧チョッパは降圧コンバータ (buck converter) ともよばれる．

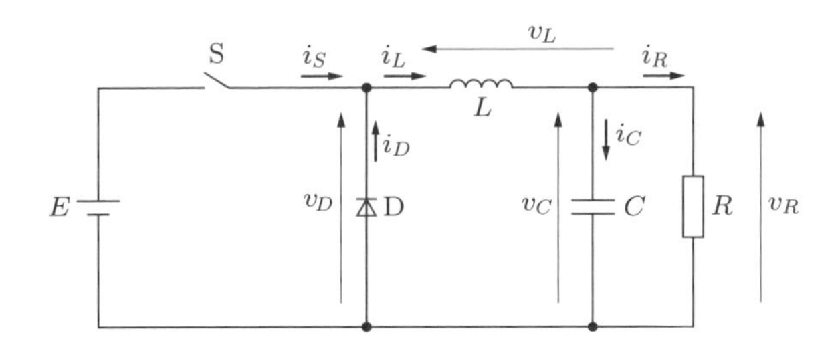

図 3.1 降圧チョッパの基本回路

降圧チョッパの動作を詳細に述べる．

(1) スイッチ S がオンのとき，インダクタンス L と抵抗 R の直列回路の過渡現象により電流 i_S はゆっくり上昇し，電流は

$$\text{電源のプラス} \quad \rightarrow \quad L \quad \rightarrow \quad R \quad \rightarrow \quad \text{電源のマイナス}$$

と流れる．同時にコンデンサ C を充電する．ダイオード D は逆極性なので導通していない．このとき，$i_S = i_L = i_R + i_C$ である．スイッチがオンしている期間はインダクタンスに電流が流れているので，インダクタンスには式 (2.8) に示

した磁気エネルギーが蓄積されている．また，コンデンサにも式 (2.9) に示したエネルギーが蓄積するための電流が流れる．

(2) スイッチ S がオフするとインダクタンスに蓄積されていたエネルギーを放出する．そのため，スイッチをオフしても電流がすぐにゼロにはならず，電流は

$$L \quad \rightarrow \quad R \quad \rightarrow \quad D$$

と還流する．このとき，$i_L - i_C = i_R = i_D$ である．

降圧チョッパ各部の波形を図 3.2 に示す．ダイオード電圧 v_D の波形は直流と時間的に変動する交流成分の合成と考える．このとき，直流分は V_R であり，交流分が v_L とする．すなわちダイオード電圧 v_D は次のように表すことができる．

$$v_D = V_R + v_L \tag{3.1}$$

交流分（v_L）

直流分（V_R）

ダイオード電圧（v_D）

交流は平均するとゼロになるので v_D の平均値は直流分のみを考えればよい．それが出力電圧 V_R である．

インダクタンスの両端の電圧 v_L はオン時には $v_L = E - V_R$ となり，オフ時には $-v_L = V_R$ となる．インダクタンスの蓄積するエネルギーと放出するエネルギーは等しいことから，オン時の波形とオフ時の波形の面積が等しいと考えることができる．

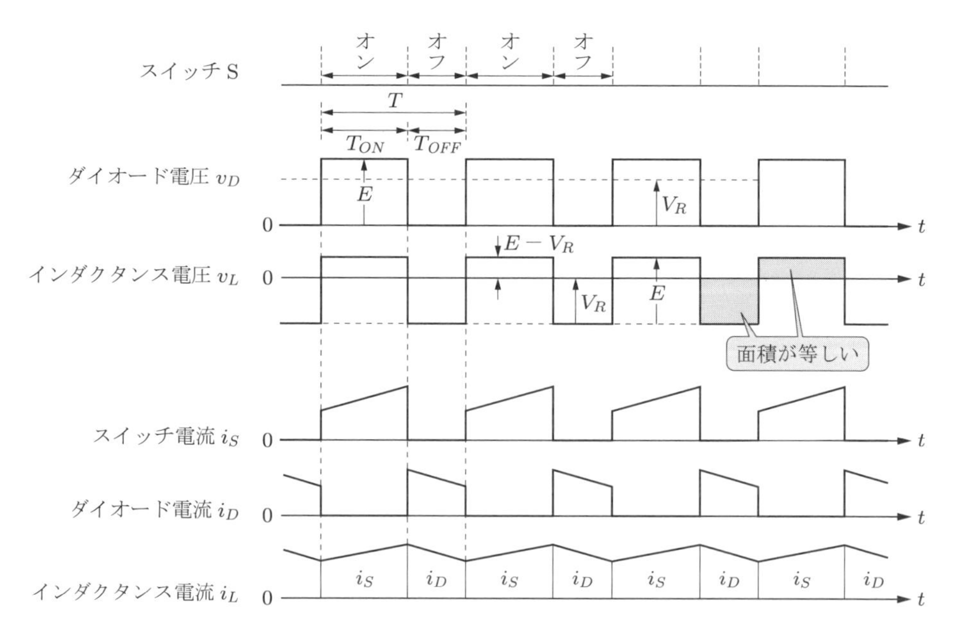

図 3.2　降圧チョッパ各部の波形

すなわち，

$$(E - V_R)T_{ON} = V_R \cdot T_{OFF} \tag{3.2}$$

$(E - V_R)T_{ON}$：オン時の電圧の面積
$V_R \cdot T_{OFF}$：オフ時の電圧の面積

である．この式から降圧チョッパの出力する平均電圧 V_R を求めることができる．

$$V_R = \frac{T_{ON}}{T_{ON} + T_{OFF}} E = \frac{T_{ON}}{T} E = d \cdot E \tag{3.3}$$

E：電源電圧
d：デューティファクタ
V_R：出力平均電圧

なお，$0 < d < 1$ である．

インダクタンスの電流は次のように変化する．オン期間 T_{ON} では

$$E - V_R = L \frac{di_L}{dt} \tag{3.4}$$

i_L：インダクタンス電流
L：インダクタンスの大きさ
V_R：出力電圧の平均値
E：電源電圧

となる．インダクタンスを流れる電流 i_L はインダクタンスの値に対応した傾きで電流が増加する．このときスイッチを流れる電流 i_S は i_L と等しい．オフ期間 T_{OFF} では

$$-V_R = L \frac{di_L}{dt} \tag{3.5}$$

V_R：出力電圧の平均値
i_L：ダイオード電流
$-$：電流が減少するのでマイナスがつく

となる．このとき i_L は i_D と等しいので，ダイオードを流れる電流 i_D も同様にインダクタンスの値に対応した傾きで電流が減少する．

降圧チョッパの出力電圧を十分大きいコンデンサによって平滑化すれば出力電圧は直流と考えることができる．降圧チョッパはパワーエレクトロニクスの基本となる回路であり，さまざまな回路の一部として使われている．

3.2 降圧チョッパの動作

降圧チョッパの動作をさらに数値例により具体的に説明する．図 3.1 の回路において電源電圧 $E = 100\,\mathrm{V}$，インダクタンス $L = 10\,\mathrm{mH}$，負荷抵抗 $R = 10\,\Omega$ としたときの回路を図 3.3 に示す．このとき回路はデューティファクタ $d = 0.6$，スイッチング周波数 $f_s = 5\,\mathrm{kHz}$ で動作しているとする．また，平滑コンデンサ C は十分大きいと

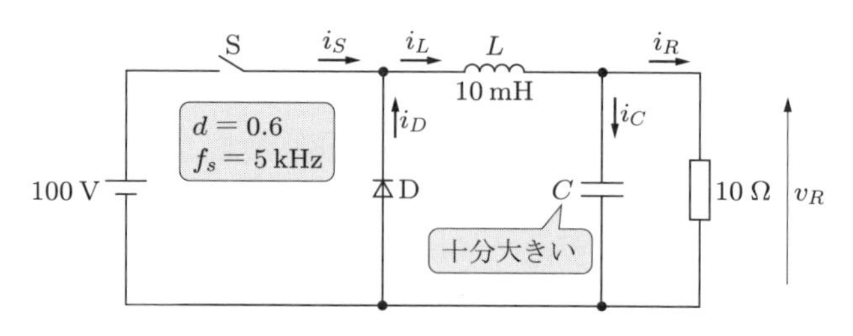

図 3.3　降圧チョッパの動作

する.

コンデンサ C の容量が十分大きいと仮定しているので負荷抵抗の電圧 v_R, 電流 i_R は十分平滑化されて, 直流であると考えることができる. したがって, 出力電圧はデューティファクタのみによって決まり,

$$v_R = V_R = 0.6 \times 100 = 60\,\mathrm{V}$$

$$i_R = I_R = 60\,\mathrm{V}/10\,\Omega = 6\,\mathrm{A}$$

となる. このときの平均電圧 V_R と v_R の波形を図 3.4(a) に示す.

インダクタンスを流れる電流 I_L と抵抗を流れる電流 I_R は等しい. この電流はオン期間ではスイッチ電流 i_S が供給し, オフ期間はダイオード電流 i_D が分担する. その分担時間の比率はデューティファクタである. したがって, それぞれの平均電流は次

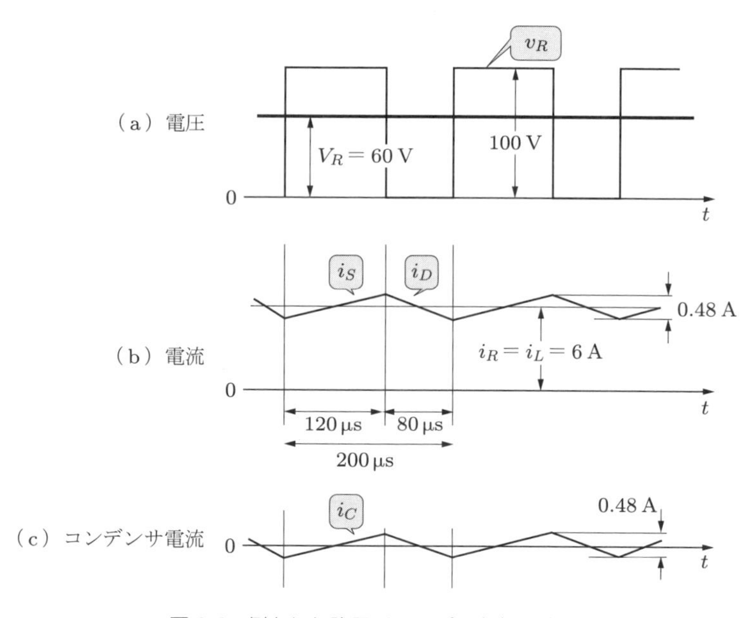

図 3.4　例とした降圧チョッパの各部の波形

のようになる．

$$I_S = d \times I_R = 3.6\,\mathrm{A}$$
$$I_D = (1-d) \times I_R = 2.4\,\mathrm{A}$$

また，コンデンサの充電電流と放電電流はオンオフの周期で等しくなるため，オンオフを平均すれば $I_C = 0\,\mathrm{A}$ である．

オン期間中の電流変化量 Δi_{SON} は式 (3.4) に数値を代入して求めることができる．

$$100 - 60 = 10\,\mathrm{mH} \times \frac{\Delta i_{SON}}{T_{ON}}$$

オン時間 T_{ON} は次のように求める．

$$T_{ON} = d \times \frac{1}{f_s} = 0.6 \times \frac{1}{5 \times 10^3} = 120\,\mathrm{\mu s}$$

したがって，オン期間中の電流変化量 Δi_{SON} は

$$\Delta i_{SON} = \frac{40 \times 120 \times 10^{-6}}{10 \times 10^{-3}} = 0.48\,\mathrm{A}$$

となる．同様にオフ期間中の電流変化量 Δi_{SOFF} は式 (3.5) により求められ，$\Delta i_{SOFF} = -0.48\,\mathrm{A}$ となる．電流波形は図 (b) に示す．平均電流 6 A にリプル電流 0.48 A が重畳している．

インダクタンスを流れるリプル電流はそのままコンデンサに流れる電流になる．このことは，リプル電流はコンデンサに充放電されることにより完全に消去されることを表している．

3.3 昇圧チョッパ

パワーエレクトロニクスのもう一つの基本回路が昇圧チョッパ (step-up chopper) である．昇圧チョッパはまた昇圧コンバータ (boost converter) ともよばれる．昇圧チョッパは直流電圧を高い出力電圧に変換する回路である．

昇圧チョッパの回路を図 3.5 に示す．回路の動作を説明する．図のようにスイッチ S をオンさせると，電流 i_S が流れる．電流 i_S の経路は，

電源のプラス → L → S → 電源のマイナス

となる．この期間はインダクタンス L に電流が流れるので，インダクタンスに磁気エネルギーが蓄積される．また，ダイオード D は導通しないのでダイオードの電流 i_D は流れず，インダクタンスを流れる電流がそのままスイッチを流れる．このとき，

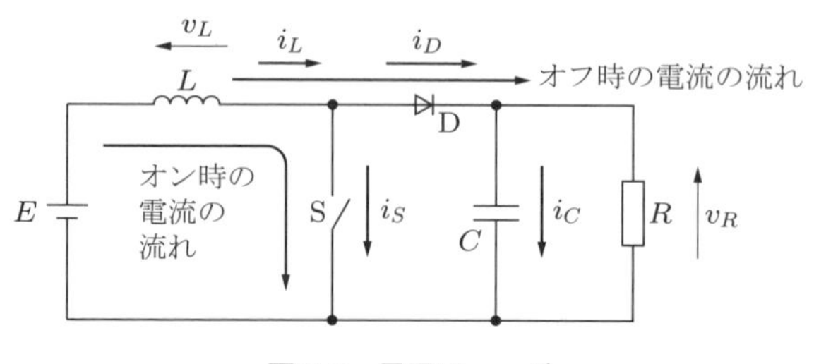

図 3.5　昇圧チョッパ

$i_S = i_L$ である．i_S はインダクタンスの影響で時間とともに増加する．インダクタンスに蓄えられるエネルギーは式 (2.8) で表される．

次に S をオフする．このときインダクタンスに蓄えられたエネルギーは

$$L \quad \rightarrow \quad D \quad \rightarrow \quad R \quad \rightarrow \quad \text{電源のマイナス}$$

と還流する．この電流は抵抗 R に電流を供給すると同時にコンデンサ C を充電する．

昇圧チョッパの各部の電圧電流波形を図 3.6 に示す．スイッチ S がオフすると，i_S がゼロになり，i_D が流れはじめる．このとき，インダクタンス L の端子電圧 v_L は入力電圧 E よりも $L(di/dt)$ だけ高くなっている．つまりインダクタンスで昇圧して電流 i_D を供給している．さらに，この $E + L(di/dt)$ の電圧はコンデンサ C を充電する電圧でもある．スイッチがオンしている期間はコンデンサ C に蓄積された電荷により

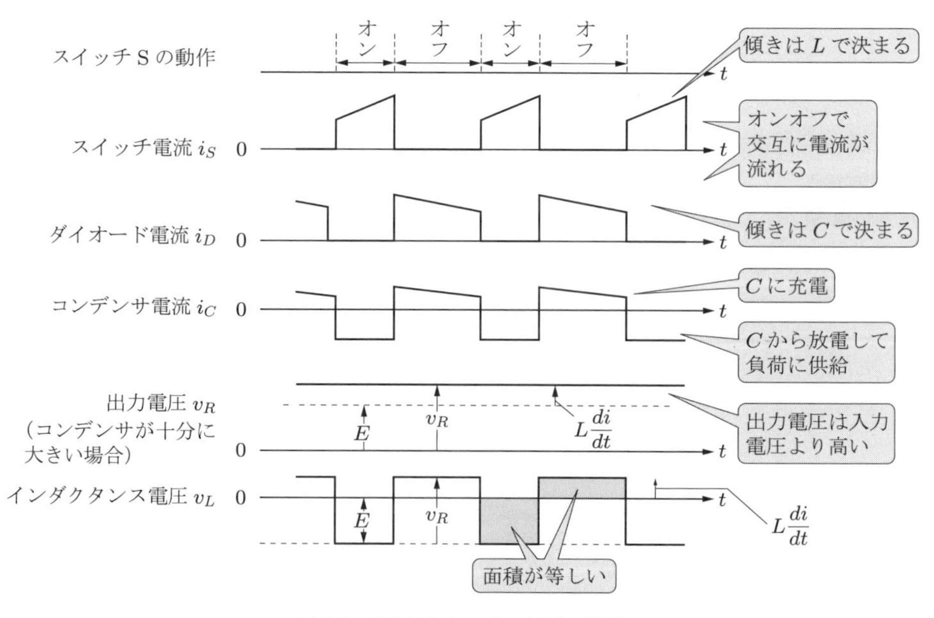

図 3.6　昇圧チョッパの各部の波形

C から負荷 R に電流を供給している．i_D はインダクタンスの蓄積エネルギーの低下により徐々に減少する．オン期間には電流はインダクタンスにしか流れないので，電流は次のように変化する．

$$v_L = E = L\frac{di_S}{dt} \tag{3.6}$$

E：電源電圧
v_L：インダクタンスの端子電圧

図 3.6 の i_S はインダクタンスの値に対応した傾きで電流が増加する．これよりスイッチを流れる電流 i_S のリプルの大きさ Δi_{SON} は

$$\Delta i_{SON} = \frac{E}{L}T_{ON} \tag{3.7}$$

E：電源電圧
T_{ON}：オン時間
L：インダクタンス
Δi_{SON}：電流の変化

となる．またオフ時にインダクタンスを流れる電流 i_L のリプルの大きさ Δi_{LOFF} は次の関係から求めることができる．

$$v_L = E - V_R = L\frac{\Delta i_{LOFF}}{T_{ON}} \tag{3.8}$$

V_R：出力電圧
E：電源電圧
v_L：インダクタンスの端子電圧

オフ期間は電源と負荷が接続されインダクタンス，ダイオードを通して負荷に電流 $i_D(= i_L)$ が供給されるが，この電流により，コンデンサを充電し，さらに抵抗 R に電流 i_C を供給する．一方，オン期間にはコンデンサに蓄積された電荷により抵抗 R に電流 i_C が供給される．したがってコンデンサにより電圧だけでなく電流もが平滑化される．そのためインダクタンスを流れる電流 i_L の変化は負荷の大きさおよびコンデンサの容量に影響される．図 3.6 に示すようにコンデンサを流れる電流 i_C は大きなリプルが生じて，コンデンサ容量に対して負荷抵抗 R が小さい場合，オフ期間中に電流 i_R がゼロまで低下する場合もある．

降圧チョッパと同様に，インダクタンスの蓄積するエネルギーと放出するエネルギーは等しいことから，インダクタンスの両端の電圧 v_L のオン時の波形とオフ時の波形の面積が等しいと考えることができる．

$$E \cdot T_{ON} = (V_R - E)T_{OFF} \tag{3.9}$$

$E \cdot T_{ON}$，$(V_R - E)T_{OFF}$：波形の面積
$V_R - E$：オフ時の電圧
E：オン時の電圧

これより，

$$V_R = \frac{T_{ON}+T_{OFF}}{T_{OFF}}E = \frac{1}{1-\dfrac{T_{ON}}{T}}E = \frac{1}{1-d}E \tag{3.10}$$

（V_R：出力電圧，E：電源電圧，d：デューティファクタ）

と表される．なお，$0 \leq d < 1$ である．出力電圧はデューティファクタの増加に伴い高くなる．昇圧チョッパは入力した直流電圧より高い直流電圧に変換する回路である．スイッチがオンのときに負荷抵抗に電流を流すと同時にインダクタンスに磁気エネルギーを蓄積する．スイッチがオフのときには，電源電圧に加えてインダクタンスに蓄積したエネルギーも電源となって負荷抵抗に電流を供給する．

昇圧チョッパも降圧チョッパと同様にパワーエレクトロニクスの基本回路としてさまざまな電力変換回路の一部として使われている．

▶復習　インダクタンスの電圧の方向

図3.7のような LR 直列回路においてインダクタンスの電圧の方向は図の v_L のように定義する．自己インダクタンスによる誘導起電力 e とインダクタンスによる電圧降下 v_L は次のような関係となる．

$$v_L = -e = -\left(-L\frac{di}{dt}\right) = L\frac{di}{dt}$$

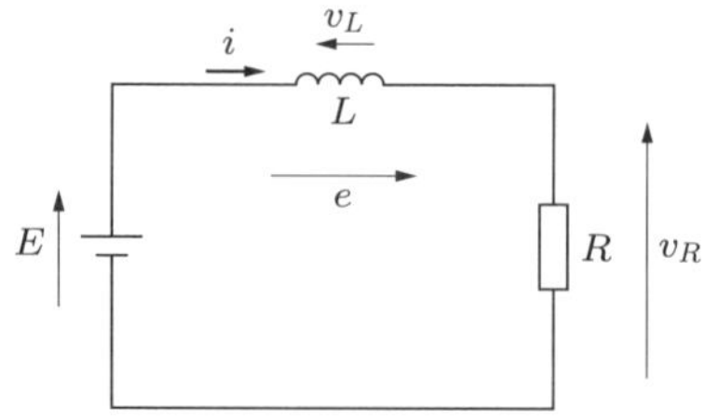

図3.7　インダクタンスの電圧降下と誘導起電力

したがって，図に示す回路の電圧方程式は次のようになる．

$$E = v_L + v_R = L\frac{di}{dt} + v_R$$

第3章の演習問題

3.1　問図 3.1 のような電流が 1 mH のインダクタンスに流れた．このとき，インダクタンスの両端の電圧波形を描け．縦軸には数値と目盛を入れること．

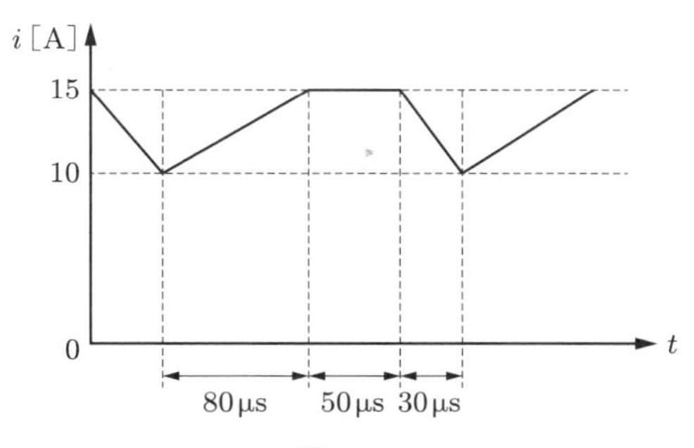

問図 3.1

3.2　前章の演習問題 **2.2** において，入力電源の直流電圧が 80%に低下したとき，同一の電圧を出力するためにはデューティファクタをいくつにすればよいか．

3.3　本文図 3.5 の昇圧チョッパ回路において，$E = 100\,\mathrm{V}$，$L = 3\,\mathrm{mH}$，$R = 250\,\Omega$，$d = 0.8$，$f_s = 10\,\mathrm{kHz}$，C の値は十分大きいとして次の問いに答えよ．

(1) スイッチの電圧波形 v_S，スイッチ電流波形 i_S，インダクタンスの電圧波形 v_L，インダクタンスの電流波形 i_L，ダイオード電流波形 i_D，コンデンサ電流波形 i_C を描け．

(2) インダクタンス電流 i_L，ダイオード電流 i_D，コンデンサ電流 i_C の平均値 I_L，I_D，I_C を求めよ．

(3) 入力電力を求めよ．

パワーデバイス

パワーエレクトロニクスはスイッチングを基本としている．スイッチングには半導体であるパワーデバイスが使われる．ここではパワーデバイスについて述べてゆく．

4.1 理想スイッチ

まず，理想のスイッチとはどんなものかを考えてみる．理想スイッチとは次の項目を満たすスイッチである．

(1) オンしたときには抵抗がゼロである．したがってスイッチに電流が流れても電圧降下がない．
(2) オフしたときには抵抗が無限大である．オフ期間中にはスイッチには電流は流れない．これを漏れ電流がゼロであるという．
(3) オンからオフ，オフからオンは瞬時に切り換わる．
(4) オンオフを繰り返しても磨耗，劣化などの変化がない．

ここに示したすべての条件を満たしたスイッチがあれば理想的なスイッチングが可能になる．しかし現実にはこのようなスイッチは存在しない．

機械スイッチとは接点を開閉するものである．したがって (1)，(2) の性質をほぼ満たしている．しかし，機械的な動作時間が必要で (3) を満たせず，また (4) の寿命は機械部品なので有限である．このほか，すべてのスイッチ機能を持つものは，いずれか，あるいはすべての項目で理想スイッチへの要求を満たせない．現在のところ半導体を使ったスイッチがもっとも理想スイッチに近いものと考えられる．

理想スイッチとパワーデバイス (power device) を使った半導体スイッチの動作の比較を図 4.1 に示す．この比較からパワーデバイスには次のような特性があることを考慮しなくてはならない．

(1) オン電圧 (v_{on}) がある．
(2) 漏れ電流 (i_{off}) がある．
(3) 動作時間 (t_{on}，t_{off}) がある．

このことから，実際のパワーエレクトロニクス回路においては理想スイッチで説明さ

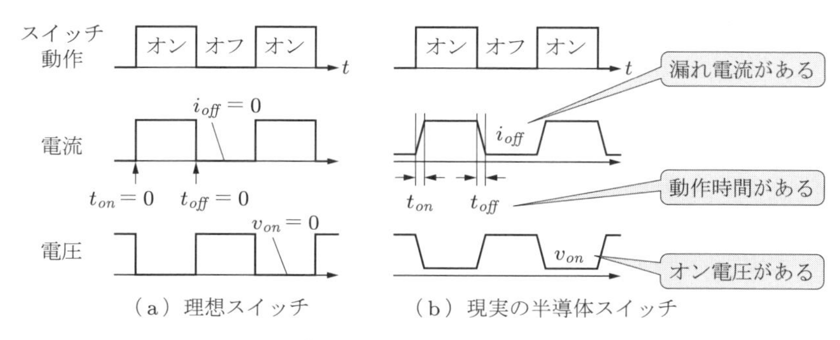

図 4.1　理想スイッチと現実の半導体スイッチ

れている理論と異なる現象が生じることがある．それをいかに理想スイッチでの動作に近づけるか，という技術が必要となる．

4.2　半導体とは

半導体 (semiconductor) とは導体と絶縁物の中間の抵抗率を持つものと定義されている．一般的には抵抗率が 10^{-2} から 10^4 Ωcm のものを半導体という．半導体の抵抗率は温度が上昇すると低下するという特性を持っている†．シリコン (Silicon) やゲルマニウム (Germanium) は元素そのものが半導体であり，真性半導体とよばれている．しかし真性半導体は抵抗率がかなり大きいので，そのままではデバイスとして使えない．真性半導体に不純物を添加して抵抗率を下げた不純物半導体がデバイスに使われる．

不純物半導体とは原子価が 4 であるシリコン Si（IV 族）に原子価が 5（V 族）または 3（III 族）の元素を添加したものである．原子価 4 のシリコンに原子価 5 のアンチモン Sb を添加すると内部の電子が過剰となる．過剰な電子は自由電子 (free electron) とよばれる．逆に原子価 3 のホウ素 B を添加すると内部の電子が不足し，正孔（電子の抜けた跡，hole）ができる．この様子を図 4.2 に示す．半導体内部の電気伝導はこのような自由電子または正孔の移動により行われる．自由電子と正孔をあわせてキャリア (carrier) とよぶ．キャリアとは電荷を運ぶものである．多数キャリアが電子のものを n 型半導体，多数キャリアが正孔のものを p 型半導体とよぶ．

p 型半導体と n 型半導体を接合したのが pn 接合 (pn junction) である．pn 接合に p 型がプラス，n 型がマイナスになるように電源を接続する（順方向電圧）と電流が流れる．電源の極性を逆にして，p 型をマイナス，n 型をプラスに接続する（逆方向電圧）と，ほとんど電流が流れない．pn 接合は一つの方向だけに電流を流す性質を持

† 金属の抵抗率は温度とともに上昇する．半導体は逆の性質を示す．

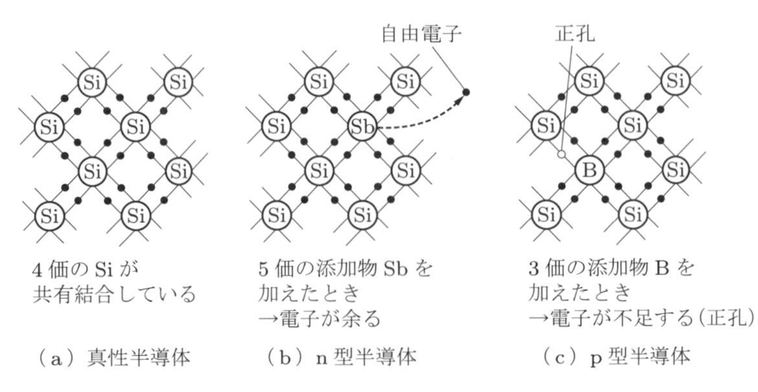

図 4.2　不純物半導体

つ．これを半導体の整流作用という．

しかし逆方向電圧が高くなると電流を阻止できなくなり，ある電圧から急激に電流が流れてしまう．これを逆降伏 (reverse breakdown) とよぶ．パワーデバイスの定格電圧は逆降伏電圧以下の値に定められており，電圧の定格というのがパワーデバイスの重要な性能の指標となる．

4.3　各種のパワーデバイス

半導体を使ったパワーデバイスには外部から制御できる可制御デバイスと制御できない非可制御デバイスがある．非可制御デバイスは外部から加わる電圧の極性によって導通，非導通が決まってしまう．ダイオードがこれにあたる．可制御デバイスはオンからオフも，オフからオンも制御できるデバイスである．自己消弧型デバイス (turn-off device) ともよばれる．表4.1に各種のパワーデバイスの回路記号，特徴などを示す．

4.3.1　ダイオード

ダイオード (diode) はp型半導体とn型半導体を接合したデバイスである．主電極間に加わる電圧の極性によりオンオフが決まる．ダイオードの基本構造と図記号を図4.3に示す．ダイオードはアノード (anode) A にプラス，カソード (cathode) K にマイナスの電圧を加えると導通する．この方向の電圧を順方向電圧 (forward voltage) という．これに対し，アノードにマイナス，カソードにプラスを加えることを逆方向電圧 (reverse voltage) という．逆方向電圧ではダイオードはオフとなり，非導通状態となる．

ダイオードの電圧電流特性を図4.4に示す．順方向電圧ではわずかな電圧が残るが

表 4.1 各種のパワーデバイス

種類	回路記号	特徴
ダイオード	A アノード K カソード	主極間に加わる電圧の極性によって，導通・非導通が決まる．
バイポーラトランジスタ	C コレクタ B ベース E エミッタ	ベース電流によりオンオフ制御可能なデバイス．パワートランジスタとよばれる．
パワーMOSFET	D ドレイン G ゲート S ソース	キャリアは正孔または電子のいずれか一方の，ユニポーラ型デバイス．少数キャリアの蓄積がないのでスイッチング速度が速い．電圧駆動で，駆動のための電力が少ない．
IGBT	C コレクタ G ゲート E エミッタ	バイポーラとMOSFETの複合デバイス．バイポーラよりオン電圧，駆動電力とも小さく，スイッチング時間が短い．
GTO	A アノード G ゲート K カソード	ゲート信号でオンもオフも制御できるサイリスタ．大容量に限定される．

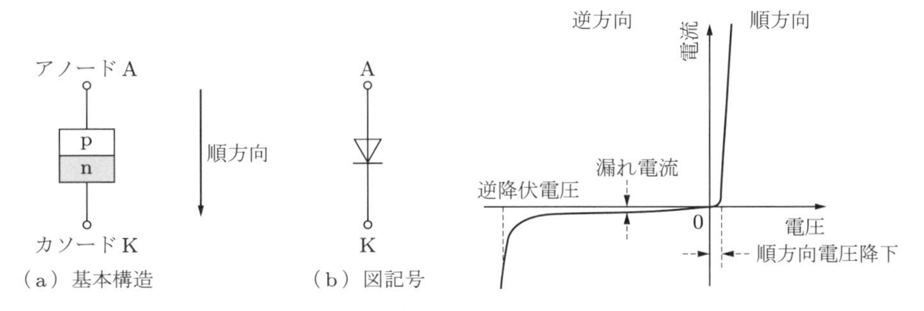

図 4.3 ダイオードの基本構造と図記号　　**図 4.4** ダイオードの電圧電流特性

（順方向電圧降下），電流が流れるオン状態である．また逆方向電圧ではわずかな電流しか流れない．これを漏れ電流という．逆方向電圧が高くなると急激に電流が流れる．この電圧を逆降伏電圧といい，ダイオードの定格電圧はこの逆降伏電圧より低い値である．

ダイオードは定常状態では逆方向電圧でオフ状態であるが，過渡的にはそうでないことがある．図 4.5 に示すように，ダイオードに順方向電圧がかかり，順方向電流が流

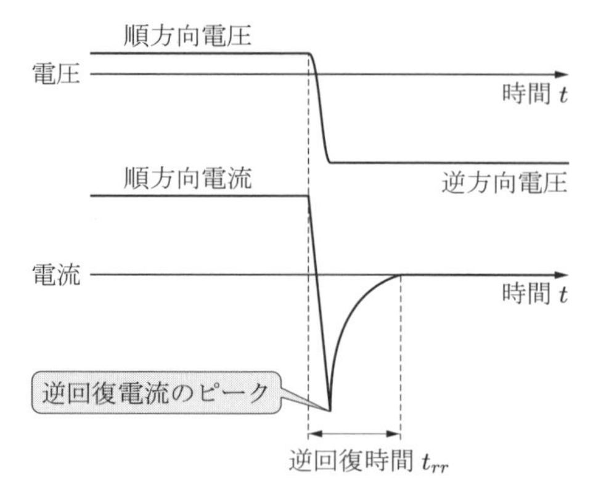

図 4.5　ダイオードの逆回復

れているとき，急激に逆方向電圧に切り換えたとする．このとき，逆方向電圧に切り換わった直後は，ダイオードがまだ導通状態にあるため，逆方向の電流が流れてしまう．やがて，逆方向電流は低下し，非導通状態になる．これをダイオードの逆回復といい，それに必要な時間を逆回復時間 (t_{rr} : reverse recovery time) とよぶ．これは半導体内部の少数キャリアが消滅するまでの時間である．逆回復時間 t_{rr} はダイオードを商用電源の整流に使う場合にはほとんど問題にならない．しかし，高速でスイッチングする回路に用いるダイオードでは性能を示す要因となる．逆回復時間の短いダイオードはファストリカバリーダイオード (FRD：Fast Recovery Diode) とよばれる．

4.3.2　サイリスタ

サイリスタ (thyristor) はダイオードに制御用のゲートを追加したものと考えてよい．サイリスタの基本構造と図記号を図 4.6 に示す．アノード A，カソード K 間に順方向電圧がかかってもダイオードと異なりオンしない．順方向電圧がかかった状態でゲート G に電流を流すとオン状態になり，アノード・カソード間に電流が流れる．

オン状態でもアノード A にマイナス，カソード K にプラスの逆方向電圧がかかると

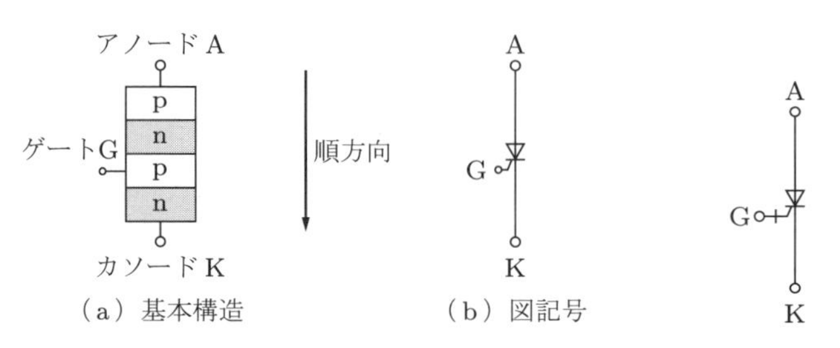

図 4.6　サイリスタの基本構造と図記号　　**図 4.7**　GTO の図記号

オフ状態となる．サイリスタはオンのみ制御できるデバイスである．また，ゲートに正負の電流を流すことによりオンオフとも可制御なサイリスタはGTO (Gate Turn-Off) サイリスタとよばれる．GTOの図記号を図4.7に示す．サイリスタはオン，オフとも動作時間が比較的長いため高速のオンオフには適さない．

4.3.3 バイポーラトランジスタ

バイポーラトランジスタ (bipolar transistor) はベース端子に信号電流を流し，その信号電流を増幅するデバイスである．パワーエレクトロニクスでは電流増幅だけでなく，オンオフのスイッチングにも使用する．バイポーラ（二つの極という意味）トランジスタという名前はキャリアとして電子と正孔の二つを使うことに由来している．

バイポーラトランジスタの基本構造と図記号を図4.8に示す．ここではパワーエレクトロニクスで使われることが多いnpn型を示している．バイポーラトランジスタはベース (base) B，コレクタ (collector) C，エミッタ (emitter) Eの3端子を持つ．バイポーラトランジスタの特性は図4.9のようにコレクタ電流 I_C とコレクタ・エミッタ間電圧 V_{CE} で表される．バイポーラトランジスタをスイッチとして使う場合，図

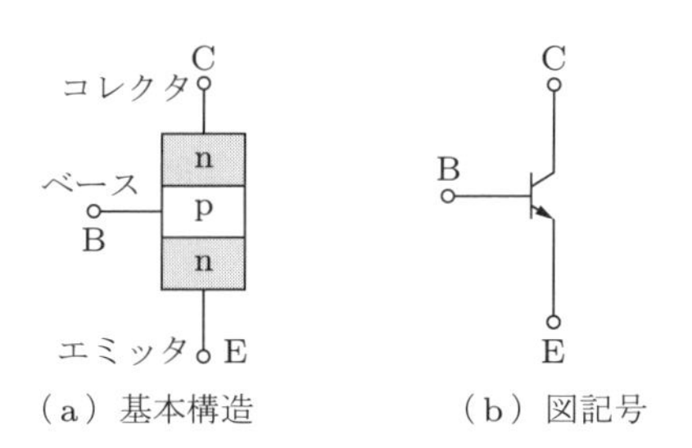

図 4.8 バイポーラトランジスタの基本構造と図記号

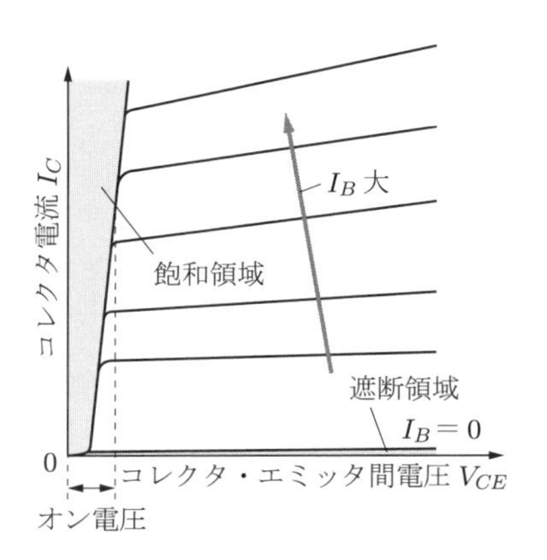

図 4.9 バイポーラトランジスタの電圧電流特性

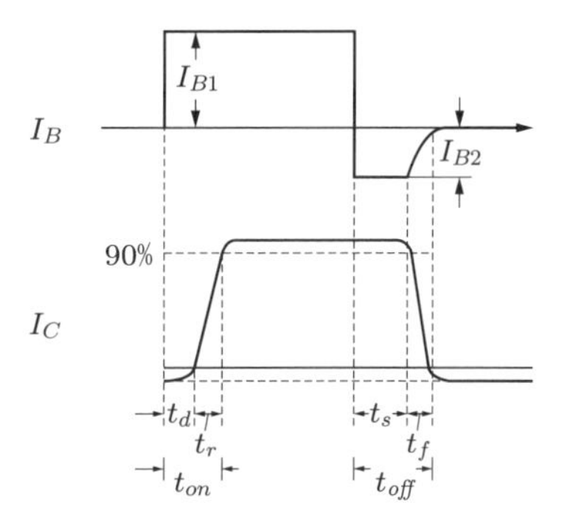

図 4.10 バイポーラトランジスタの動作波形

に示す遮断領域と飽和領域を切り換える．遮断領域がオフ状態であり，飽和領域がオン状態である．オンしている飽和領域でもコレクタエミッタ間には電圧がある．これをオン電圧 V_{on} という．オン電圧 $V_{on}\times$ コレクタ電流 I_C がオン状態での損失となる．

バイポーラトランジスタのスイッチング波形を図 4.10 に示す．オン時間 t_{on} とオフ時間 t_{off} がある．バイポーラトランジスタで注意すべきはオフ時間である．バイポーラトランジスタはベース電流がゼロになっても内部の少数キャリアが消滅するまではオン状態が継続する．これを蓄積時間 t_s という．蓄積時間は立ち下がり時間 t_f よりも長く，バイポーラトランジスタのオフ時間を決定する主要因である．蓄積時間を短くするために，オフ時にベースに逆方向の電流 I_{B2} を流すことが多い．このことを逆バイアス電流を流すという．

4.3.4　パワー MOSFET

MOSFET は Metal Oxide Semiconductor Field Effect Transistor（金属酸化膜半導体電界効果トランジスタ）の頭文字をとったものである．このうち大電流を流すものをパワー MOSFET とよぶ．パワー MOSFET はキャリアとして電子または正孔のいずれかしか使わないのでユニポーラ型である．そのため，オフ時に少数キャリアの消滅時間が必要なバイポーラ型よりも高速動作が可能である．さらに電圧で駆動できるので駆動電力が小さいという特徴がある．しかし，耐電圧の高いものはオン抵抗が大きいという欠点もある．

MOSFET の基本構造と図記号を図 4.11 に示す．ゲート (gate) G，ドレイン (drain) D，ソース (source) S からなる 3 端子デバイスである．図に示したのは n チャネル MOSFET で，npn のバイポーラトランジスタに対応する．n チャネル MOSFET はゲートにプラスの電圧を加えるとその電界によりゲートに対向した面にマイナスの電

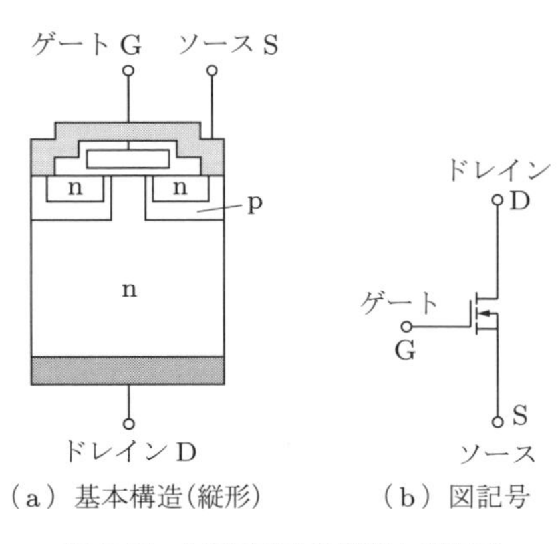

（a）基本構造（縦形）　（b）図記号

図 4.11　MOSFET の構造と図記号

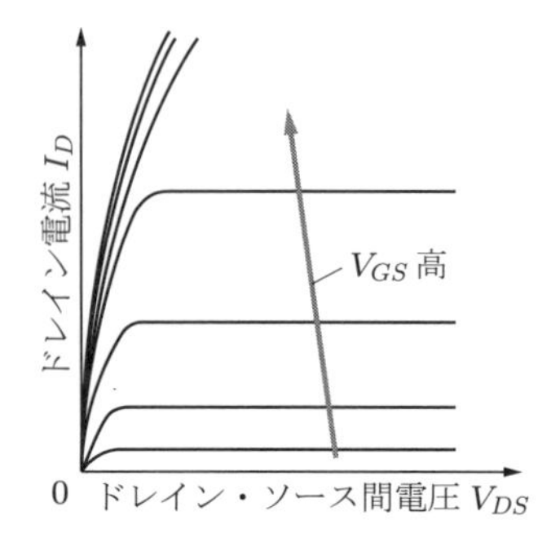

図 4.12　パワー MOSFET の電圧電流特性

荷が現れ，それにより p 型部分の表面近くが n 型に反転する．この反転した部分が電子の通路となる．これをチャネルとよぶ．チャネルによりソースとドレインの間が導通する．

パワー MOSFET の特性を図 4.12 に示す．ゲート・ソース間電圧 V_{GS} の制御によりスイッチングできる．オン状態ではオン電圧はドレイン電流に比例し，オン抵抗 R_{DS} は一定になる．一般にパワー MOSFET のオン電圧はバイポーラトランジスタより高い．しかし，スイッチング時間が短いのでスイッチング損失は小さい．

4.3.5 IGBT

IGBT は Insulated Gate Bipolar Transistor（絶縁ゲート型バイポーラトランジスタ）の頭文字をとったものである．バイポーラトランジスタと MOSFET の利点を複合したデバイスである．IGBT の基本構造と図記号を図 4.13 に示す．ゲート G，コレクタ C，エミッタ E の 3 端子からなるデバイスである．IGBT の内部構造は MOSFET のドレインに p 層を追加したような構造である．MOSFET では耐圧を高くするためには図で示す n 層を厚くする必要がある．そのため n 層の抵抗が増加し，オン抵抗が大きくなってしまう．そのため一般に高耐圧の MOSFET はオン損失が大きい．ところが IGBT は n 層とドレインの間に p 層が追加されることによりここに pn 接合ができてダイオードが構成される．そのためオン時には少数キャリアである正孔が注入され，n 層の抵抗が低下する（電導度変調という）．この効果によりオン抵抗がバイポーラトランジスタ並みに小さくなる．

IGBT のゲートに電圧を印加すると MOSFET と同様にチャネルが形成され，それにより少数キャリアが蓄積され，バイポーラトランジスタのように導通する．IGBT

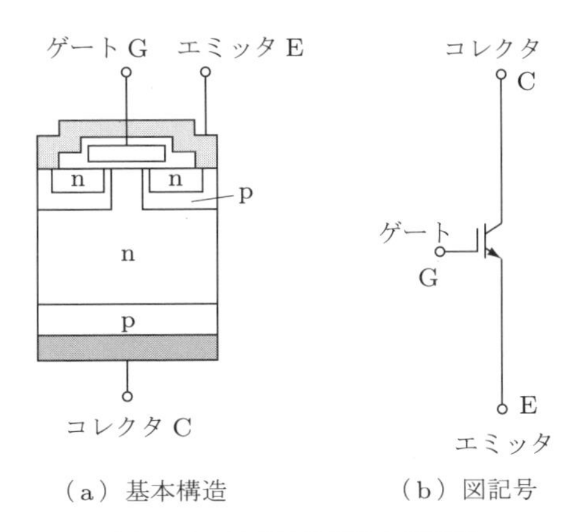

（a）基本構造　（b）図記号

図 4.13 IGBT の構造と図記号

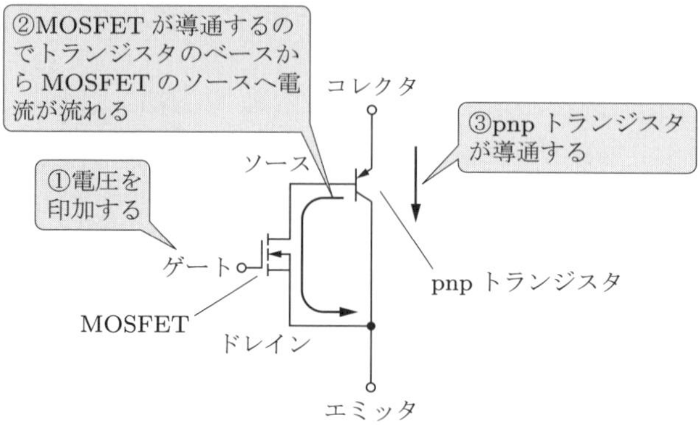

図 4.14　IGBT の等価回路

の動作原理を説明する回路を図 4.14 に示す．IGBT は原理的には pnp 型のバイポーラトランジスタのベース回路に MOSFET が接続[†]している回路と考えられる．IGBT のゲート・エミッタ間に電圧を印加すると前段の MOSFET のゲートに電圧を印加することになり，MOSFET が導通する．これにより pnp トランジスタのベース・エミッタ間の抵抗が小さくなり，ベースから MOSFET のソースへ電流が流れる．これにより pnp トランジスタが導通する．

IGBT はバイポーラトランジスタと MOSFET の中間の特性が実現できている．バイポーラトランジスタのオン電圧よりやや高く，MOSFET よりスイッチング時間がやや遅い．この特性が用途によく適合するため現在では多くのパワーエレクトロニクス回路のスイッチとして IGBT が使われている．

4.4 損失

スイッチとしてパワーデバイスを使うとスイッチングにより損失が生じる．損失と

† これをダーリントン接続という．2 個のトランジスタのコレクタを共通に接続し，前段のトランジスタのエミッタを後段のトランジスタのベースに接続する．共通にしたコレクタと，前段のトランジスタのベース，後段のトランジスタのエミッタをそれぞれ外部の回路に対してつなぐ．したがって，回路全体が一つのトランジスタのように動作する．ダーリントン接続により，直流電流増幅率 h_{FE}（5.1 節で後述）を見かけ上大きくすることができる．

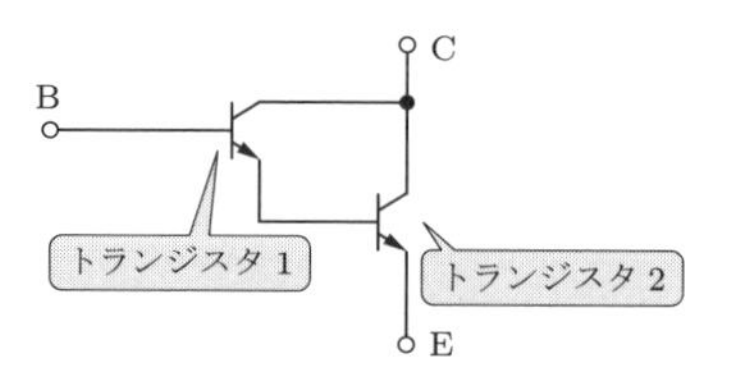

図 4.15　ダーリントン接続

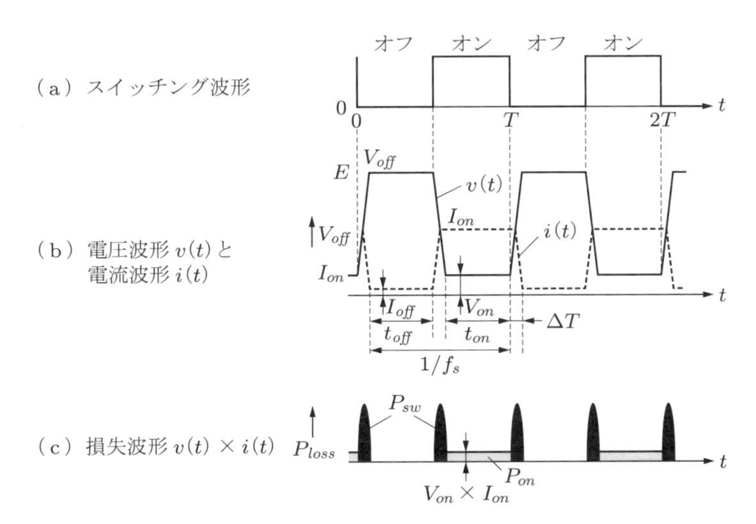

図 4.16 パワーデバイスに生じる損失

はスイッチが動作することにより発熱して電力を消費してしまうことである．図 4.16 にスイッチングにより生じる損失を示す．パワーデバイスで発生する損失にはオン損失とスイッチング損失がある．

オン損失はスイッチがオン（導通）する際の抵抗により発生するジュール熱である．パワーデバイスは理想スイッチではないのでオン時にも必ず抵抗がある．この抵抗分により電圧降下（オン電圧 V_{on} ）が生じる．このうち，オン損失 P_{on} は次のように表される．

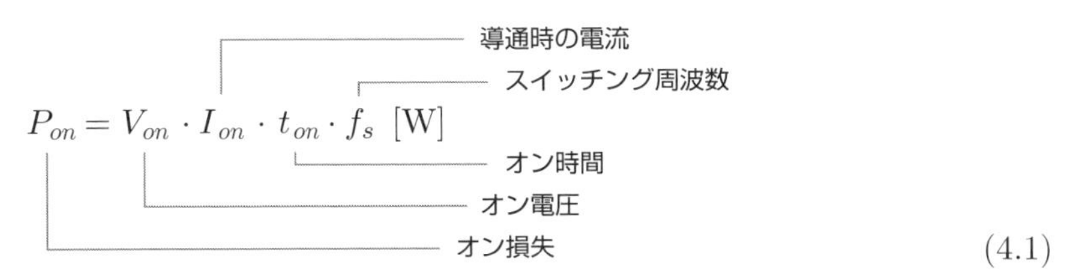

$$P_{on} = V_{on} \cdot I_{on} \cdot t_{on} \cdot f_s \ [\mathrm{W}] \tag{4.1}$$

オン損失はオン時の電流 I_{on} とオン電圧 V_{on} の積で表される．オン損失はオン時間の間発生する．すなわちデューティファクタに比例する．同様にオフ時の漏れ電流 I_{off} による損失も考えられるが，通常 I_{off} は無視できるほど小さい．

スイッチがオフからオンやオンからオフに切り換わる時間を ΔT とする．この間にはスイッチング損失が発生する．図 (c) に示しているスイッチング損失 P_{sw} を三角形の面積として近似すると次のようになる．

$$P_{sw} = \frac{1}{6} V_{off} \cdot I_{on} \cdot \Delta T \cdot 2 f_s \, [\mathrm{W}] \tag{4.2}$$

切り換わり時間：ΔT
スイッチング周波数：f_s
スイッチング回数（オンとオフで2回発生する）：$2f_s$
オン時の電流：I_{on}
オフ時の電圧：V_{off}
スイッチング損失：P_{sw}

ΔT は通常，非常に短い時間なので1回のスイッチングで発生するスイッチング損失は小さい．しかしスイッチング周波数が高くなるとスイッチングの回数が増えるので無視できない値となる．

4.5　パワーデバイスの使い分けと今後の展開

スイッチングのためにどのパワーデバイスを使うかは用途によって決めることが多い．一般にパワーデバイスの容量が大きいとスイッチング速度が遅い．100 kHz 級の高速スイッチングを行う場合，高速な MOSFET が使われる．MOSFET はまた 50 V 級の定格電圧が低いものは低損失という特徴がある．また 10,000 kW を超すような大容量では GTO やサイリスタが使われる．それ以外の大部分のスイッチングには現在のところ IGBT が使われると考えてよい．大まかな使い分けを図 4.17 に示す．

スイッチングに用いるパワーデバイスはこれまで，低損失化，高速化の方向で性能向上の努力がなされてきた．IGBT の出現によりこれ以上の高速動作の要求はそれほど高くなくなってきたと思われる．すなわち，電動機制御ではこれ以上高速スイッチン

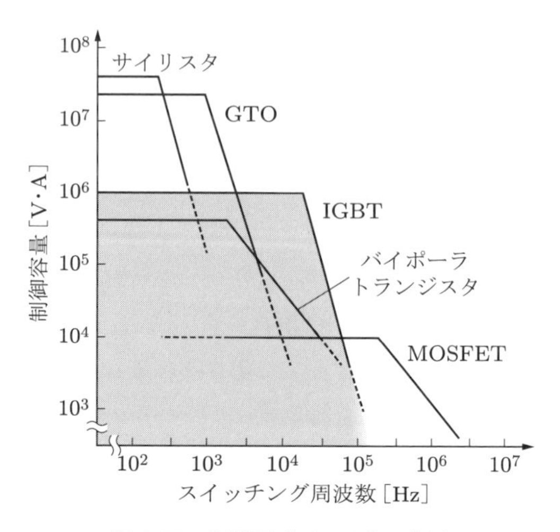

図 4.17　各種デバイスの使い分け

グしても現在のところCPUの演算が追いつかないこと，および電動機の絶縁構造に起因する高周波の漏れ電流が増加することなどがその理由である．近年，パワーエレクトロニクスの用途が自動車分野に広がってきた．このため，エンジンの冷却水[†1]で冷却できる100℃以上の高温動作のパワーデバイスの要求が高まってきている．

現在使われているSi系のパワーデバイスは性能限界に近づいているといわれている．そのため，さらなる性能向上のためにワイドバンドギャップ半導体が注目されている．ワイドバンドギャップとは禁制帯幅[†2]（バンドギャップ，band gap）がSiに比べて大きい半導体を表している．表4.2にワイドバンドギャップ半導体の基本物性をSiと比較して示す．表に示すようにワイドバンドギャップ半導体は絶縁破壊，熱伝導度，電子速度などが高いという性質を持つ．そのため高耐圧，高温，高周波数のパワーデバイスが実現できる．たとえばSiとSiCを比べてみると，絶縁破壊強度が10倍である．つまり，SiCを使えば同じ耐圧で厚みを1/10にできる．しかもドリフト速度[†3]が約2倍である．つまりキャリアの移動速度は20倍になる．また，物性理論からは電界強度が高ければ半導体の不純物の濃度を高くして抵抗率を下げることができることがわかっている．さらに熱伝導度が高いということは動作温度を高くできるということである．SiCはパワーデバイス用材料として優れた性質を持っている．

表4.2 半導体材料の基本物性定数

材料	Si	4H-SiC	GaN	ダイヤモンド
禁制帯幅 [eV]	1.1	3.3	3.4	5.5
絶縁破壊電界強度 [MV/cm]	0.3	3	5	10
熱伝導度 [W/cmK]	1.5	4.9	1.3	20
飽和ドリフト速度 [cm/s]	1.0×10^7	2.2×10^7	2.7×10^7	2.7×10^7

現在，SiCを使ったショットキーバリアダイオード(SBD: Schottky Barrier Diode)はすでに製品化され，MOSFET，IGBTも開発されている．一方，GaNは製造上の課題がまだ多くあるが，デバイスの開発も行われている．さらにダイヤモンドはSiCをはるかに超える高性能が期待されている．これらの実用化によりパワーエレクトロニクスはさらに大きく進歩すると考えられる．

†1 エンジン用冷却水のラジエータは最高水温120℃に設定されている．
†2 価電子帯と伝導帯のエネルギー準位の差．
†3 キャリアの平均移動速度．定常状態では電界に比例する．

第4章の演習問題

4.1　問図 4.1(a) の回路に接続されているダイオードの電圧電流特性が図 (b) のようであった．このときダイオードの動作点を図 (b) 上に示せ．ただし，交流電圧 v の最大値は 100 V，$R = 10\,\Omega$ である．

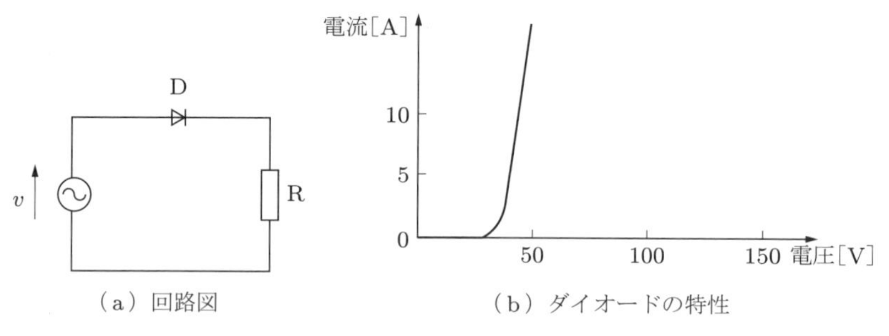

（a）回路図　　（b）ダイオードの特性

問図 4.1

4.2　次の略語の正式な名称を述べよ．

(1) IGBT

(2) FRD

(3) MOSFET

(4) SBD

4.3　問図 4.2 に示すスイッチング波形について次の問いに答えよ．

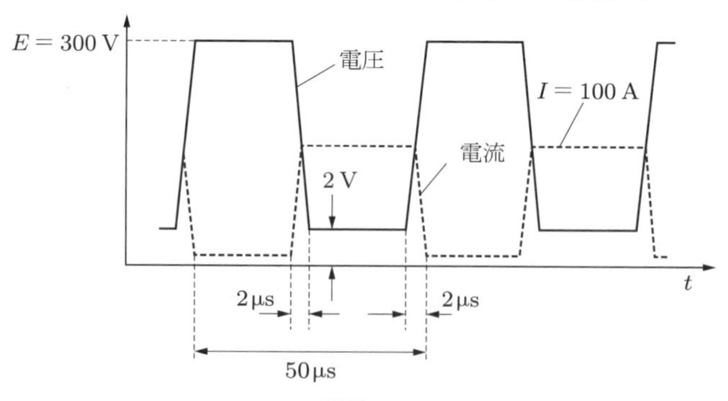

問図 4.2

(1) スイッチング損失を求めよ．

(2) デューティファクタを 0.5 としたときのオン損失を求めよ．

直流を変換する

本章では直流の電圧や電流を変換する直流変換について述べる．直流変換回路には絶縁型回路と非絶縁型回路がある．まず非絶縁型回路から説明してゆく．これまでの原理的説明ではスイッチを用いて説明してきた．しかし，現実のパワーデバイスはスイッチのように双方向の電流を流すことができない．そのために逆並列にダイオードを接続する．そして，回路の動作にはそのダイオードを利用することもある．そこで，これ以降はスイッチでの説明だけでなく，パワーデバイスとして IGBT などの図記号も用いて説明してゆく．

5.1 アナログ回路による直流の制御

アナログ回路で直流電圧を制御する電源回路はリニア電源 (linear power supply) ともよばれる．リニア電源の原理は 2.3 節で述べた可変抵抗を用いる方法である．図 2.7 に示したように負荷抵抗 R に電源電圧 E よりも低い電圧 V_R を供給する場合，その中間に可変抵抗 VR を入れることにより電圧調整が可能である．このとき，電源電圧 E や負荷抵抗 R に変動があった場合，それに応じて可変抵抗 VR を調節すれば出力電圧が安定化できる．

リニア電源を実現するために機械式の可変抵抗を電動機などで動かす方法も考えられるが現実的ではない．しかし，バイポーラトランジスタを使えば同じような効果を得ることができる．図 2.7 の可変抵抗をバイポーラトランジスタに置き換えた回路を図 5.1 に示す．

バイポーラトランジスタはエミッタ E，コレクタ C，ベース B の 3 端子を持つ半導

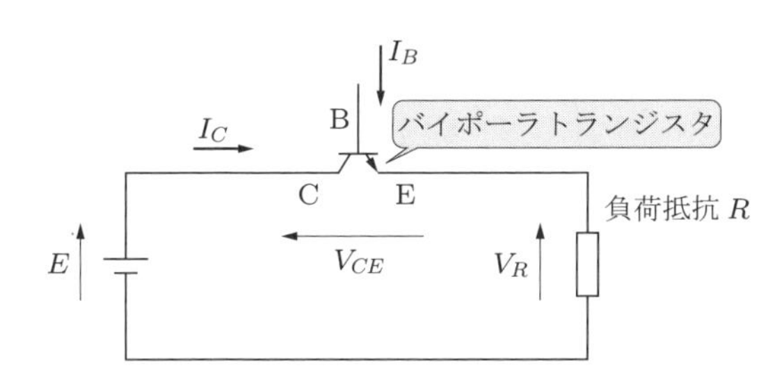

図 5.1 バイポーラトランジスタを使ったリニア電源回路

体デバイスである．図 5.1 の回路においてベース電流 I_B を流すと，それに比例したコレクタ電流 I_C が流れる．このときのコレクタ・エミッタ間の電圧降下 V_{CE} とコレクタ電流 I_C の関係を図 5.2 に示す．図は I_B を一定に保ちながら電源電圧 E を変化させたときの関係を示している．

左側の斜線の領域は飽和領域で，スイッチング動作ではオンの状態として使っている領域である．また，ベース電流がゼロのときの領域は遮断領域で，スイッチング動作ではオフ状態となる．図の大部分を占める活性領域はコレクタ電流 I_C がベース電流 I_B に比例する領域である．この領域では次の関係が成り立っている．

$$I_C = h_{FE} I_B \tag{5.1}$$

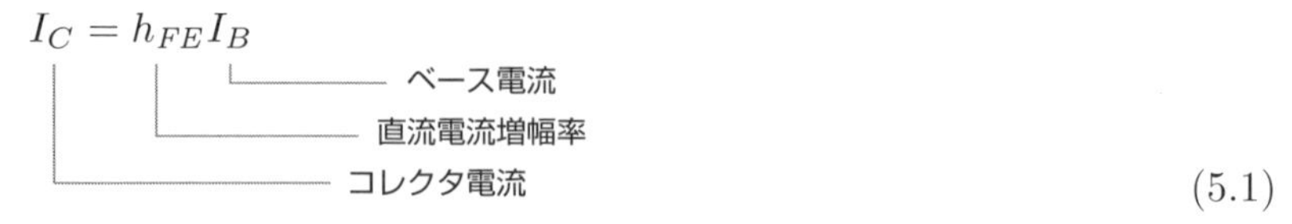

ここで h_{FE} は直流電流増幅率というデバイスごとの定数である．この関係をトランジスタの電流増幅作用とよぶ．トランジスタを流れるコレクタ電流 I_C はベース電流 I_B を調節することで望みの値に制御できるということである．しかしながら，トランジスタを流れる電流を調節することはすなわち，負荷抵抗 R にかかる電圧を調節することである．つまり電源電圧 E のうちの R に印加する以外の余分な電圧は

$$E = V_{CE} + R I_C \tag{5.2}$$

負荷電圧
コレクタ・エミッタ間電圧
電源電圧

の関係で，トランジスタのコレクタ・エミッタ間電圧 V_{CE} としてトランジスタの両端にかかることになる．

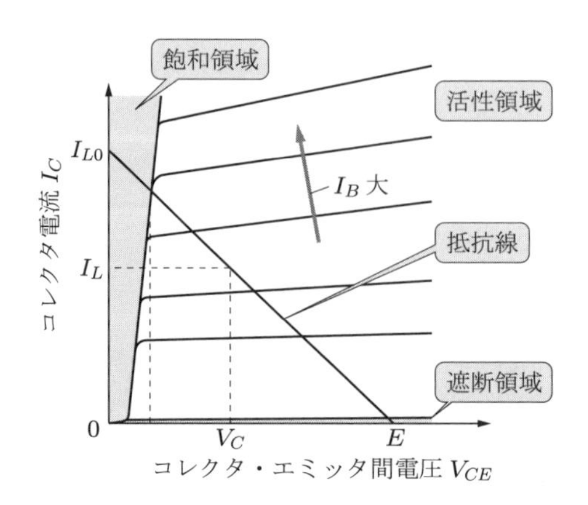

図 5.2　バイポーラトランジスタの動作

図 5.2 に示す右下がりの直線はある負荷抵抗値のときの抵抗直線とよばれる．電圧 E を一定にしてある抵抗 R を接続したとき，コレクタ電流 I_C およびコレクタ・エミッタ間電圧 V_{CE} はベース電流 I_B の変化に応じてこの抵抗線上を移動する．

いま式 (5.2) を次のように書きなおす．

$$V_{CE} = E - RI_C$$

この式を変形すると次のようになる．

$$\boxed{\left(\frac{V_{CE}}{I_C}\right)} = \frac{E}{I_B h_{FE}} - R \tag{5.3}$$

抵抗の単位で表せる

I_B により調節できる

この式の単位は Ω である．すなわち，トランジスタは I_B を変化させることで可変抵抗としてはたらくことになる．したがって図 5.1 の回路を使えば出力電圧の調節ができるのである．

この回路においてコレクタ電流 I_C は次のように表すことができる．

$$I_C = I_{L0} - \frac{I_{L0}}{E} \cdot V_{CE} \tag{5.4}$$

コレクタ・エミッタ間電圧

電源電圧

V_{CE} をゼロとしたときの電流

コレクタ電流

このとき，トランジスタで発生する損失 P_{loss} はコレクタ電流 I_C とコレクタ・エミッタ間電圧 V_{CE} の積になるので，次のように表される．

$$P_{loss} = I_C \cdot V_{CE} = \left(I_{L0} - \frac{I_{L0}}{E} \cdot V_{CE}\right) \cdot V_{CE} \tag{5.5}$$

コレクタ電流

コレクタ・エミッタ間電圧

損失

発生する損失はそのままトランジスタからの発熱になる．この関係式は図 5.3 に示すように V_{CE} に対して放物線を描く．つまり，電力損失が最大の点 M が存在する．オーディオなどの増幅回路では増幅性能の観点から損失が大きい M の点を中心に動作するように設計することもある．

このようにバイポーラトランジスタを使うことにより，入力電圧が変動したり負荷が変動したりしても，それに応じて I_B を制御すれば出力電圧を一定に保つことができる．このような原理の電源をドロッパ電源とよぶこともある．

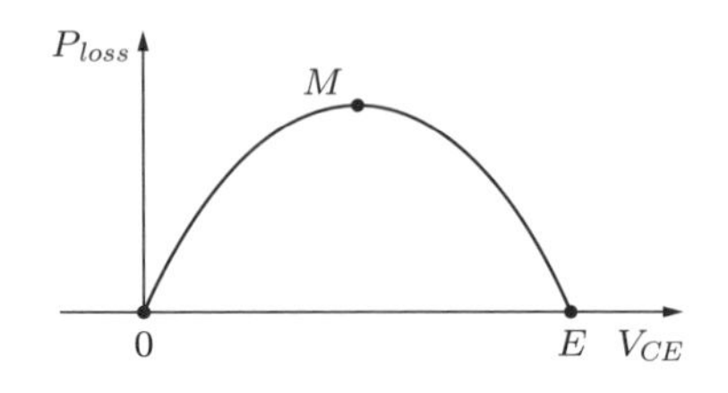

図 5.3　バイポーラトランジスタの損失

5.2　非絶縁型直流変換

非絶縁型の直流変換回路とは入出力を変圧器で絶縁せず，共通の回路で動作する回路である．代表的なものには第3章で述べた降圧チョッパ，昇圧チョッパがある．ここではそれ以外の回路について述べる．

5.2.1　昇降圧チョッパ

昇降圧チョッパ (buck boost chopper) とはその名のとおり，昇降圧可能なチョッパである．昇降圧チョッパ回路の例を図 5.4 に示す．この回路では出力電圧 V_R のプラスマイナスが入力とは逆方向になっていることに注意を要する．

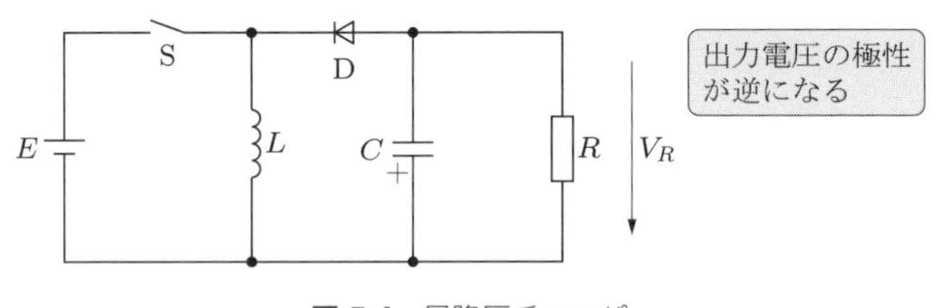

図 5.4　昇降圧チョッパ

昇降圧チョッパの出力電圧 V_R は次のように表される．

$$V_R = \frac{d}{1-d}E \tag{5.6}$$

デューティファクタ
入力電圧
デューティファクタ
電力電圧

この式は $d < 0.5$ で降圧動作，$0.5 < d < 1$ で昇圧動作となることを示している．昇降圧チョッパはデューティファクタ d を制御するだけで昇降圧が可能である．なお，昇降圧チョッパにはここで示した回路以外にいろいろな回路が考えられている．

これまでは昇降圧が必要な場合，昇圧チョッパと降圧チョッパを並列接続し，必要時にいずれかを動作させることが多かった．しかし，常にいずれか一方の回路しか使用しないので電源回路が大きくなってしまう．回路を小型化するために昇降圧チョッパ回路が使われることが多くなってきている．

5.2.2 双方向チョッパ

双方向チョッパ (bi-directional chopper) は可逆チョッパともよばれ負荷から電源への電力変換も可能な回路である．双方向チョッパは，負荷が電動機の場合に使われる．電動機を発電機として使う回生モードのときには負荷から電源に向けて電流を流す．双方向チョッパの回路を図 5.5 に示す．図に示したように降圧チョッパと昇圧チョッパを組み合わせた回路である．降圧チョッパ回路，昇圧チョッパ回路のダイオードは IGBT に組み込まれた逆並列ダイオードを利用している．図 (b) のように左から右へ電力が流れるとき，降圧チョッパとなる．図 (c) のように右から左へ電力が向かうとき，昇圧チョッパの回路の構成になる．スイッチとして使用しない IGBT はその間は非導通とさせる．双方向チョッパは双方向の電力変換が可能である．

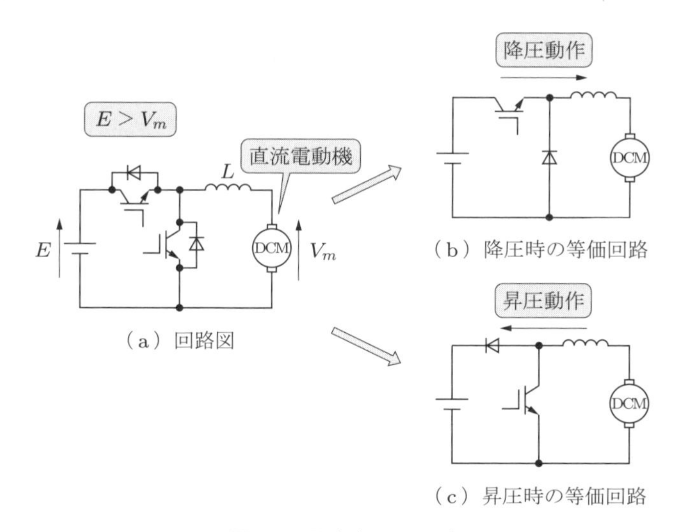

図 5.5 双方向チョッパ

5.2.3 H ブリッジ回路

直流電動機などが負荷の場合，プラスマイナスの極性を切り換えて電動機を逆転させるような用途がある．そのような場合，H ブリッジ回路を用いる．H ブリッジ回路の原理を図 5.6 に示す．S_1，S_4 をオンして，S_2，S_3 をオフにすると負荷 R の左がプラスに接続される．逆に，S_1，S_4 をオフして，S_2，S_3 をオンすると負荷 R の右側がプラスに接続される．H ブリッジ回路を用いると負荷に対して電圧を正または負で与

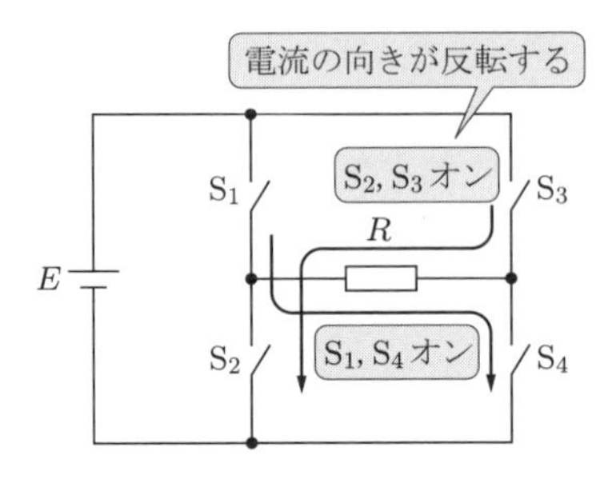

図 5.6　H ブリッジ回路の原理

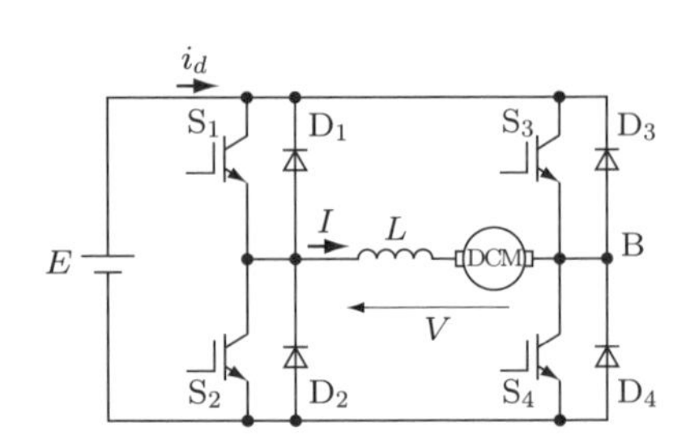

図 5.7　H ブリッジ回路と直流電動機

えることができる．しかも，電流も正負の状態を流すことも可能である．

H ブリッジ回路の実際の動作を説明する．イメージしやすいように H ブリッジ回路の負荷が図 5.7 に示すようにインダクタンスと直列に接続された直流電動機だと仮定する．このとき電動機には次の四つの運転状態が考えられる．正転で力行†状態の場合の電圧 V，電流 I の方向を正とする．この状態は x 軸を電流，y 軸を電圧とした図 5.8 では第 1 象限となる（図 (a)）．正転でトルクが負になる制動状態は電圧 V が正で電流 I が負の状態で，電源を充電する（図 (b)）．これは第 2 象限である．第 3 象限と第 4 象限は電動機が逆転している状態である．第 3 象限は逆転で力行状態なので電動機の電圧，電流とも負である．第 4 象限は逆転で制動の状態を示している．このとき，電圧が負で電流が電源を充電する正の状態である．このような四つの状態を含むことを 4 象限運転とよぶ．

各象限での回路の状態を図 5.9 に示す．このとき電動機は正転，逆転可能で，いず

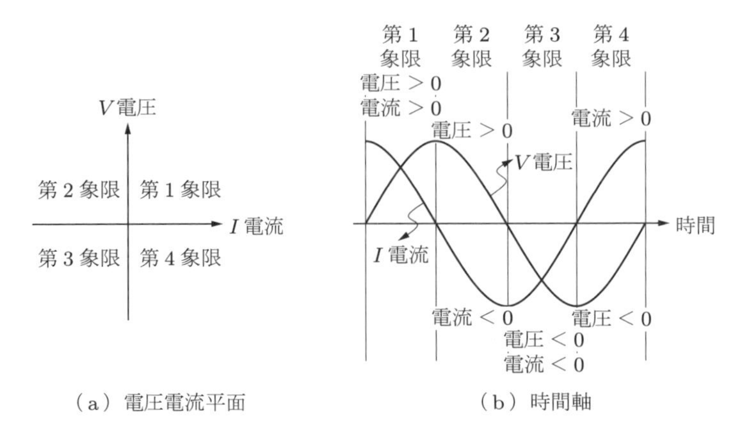

（a）電圧電流平面　　（b）時間軸

図 5.8　4 象限運転

† 「りっこう」または「りきこう」と読む．鉄道からきた言葉で，電車が加速したり坂を上ったりするときに，電動機が車輪にトルクを伝達している状態をさす．

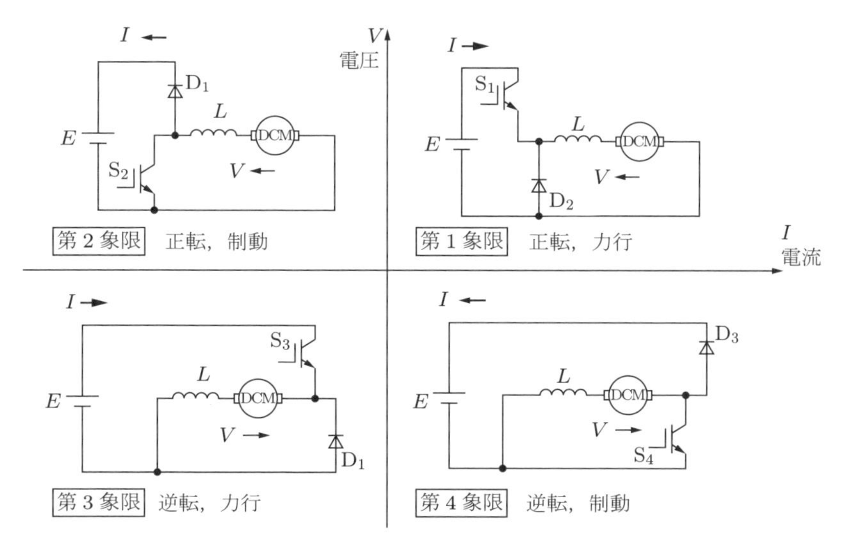

図 5.9　各象限での回路の動作

れの運転でも力行状態では降圧チョッパ，回生状態では昇圧チョッパの回路として動作している．また，インダクタンスを接続せずに，電動機の巻線のインダクタンスを利用することも可能である．もちろん負荷が直流電動機でない図 5.6 のような場合でもインダクタンスを追加すれば 4 象限チョッパとして動作可能である．

5.3　絶縁型直流変換

絶縁型の直流変換とは回路に変圧器を用いて入力と出力を絶縁した回路である．変圧器のインダクタンスを利用してさまざまな回路が考えられている．絶縁型の直流変換器はスイッチングレギュレータ (switching regulator) とよばれる．また，DC/DC コンバータとよばれることもある．ただし，DC/DC コンバータという言葉は非絶縁型を含む場合もあるので注意を要する．

5.3.1　フォワードコンバータ

フォワードコンバータ (forward converter) の回路を図 5.10 に示す．降圧チョッパのインダクタンスを変圧器に代えて絶縁したような回路構成になっている．ここで変圧器の巻線に「●」印があることに注意してもらいたい．フォワードコンバータは同じ側が同一極性になるような減極性の変圧器を用いる．「●」は巻線の巻き始めを示している．

フォワードコンバータの動作を説明する．

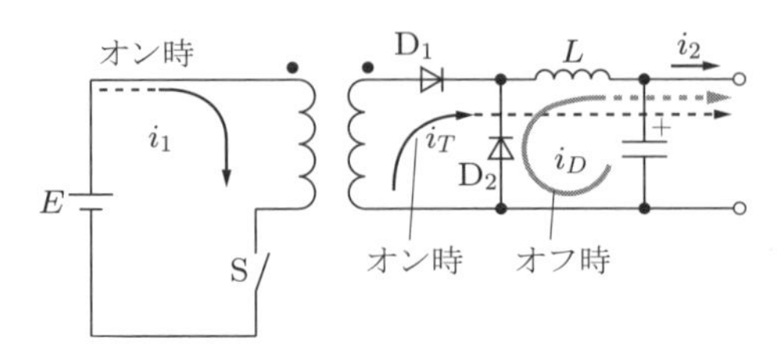

図 5.10　フォワードコンバータ

① スイッチがオンすると図 5.11 に示すように 1 次巻線のインダクタンスにより電流 i_1 がゆっくり立ち上がる.

② 電流が変化しているので誘導起電力により変圧器の 2 次側端子には同極性の電圧が誘導される.

③ 2 次側端子の誘導起電力によりダイオード D_1 が導通し，2 次巻線にも同一の波形の電流 i_T が流れる．つまり，オンの期間に 1 次 2 次巻線同時に電流 i_1，i_T が流れている．この間はインダクタンス L にも電流が流れている.

④ スイッチがオフすると D_1 もオフとなる.

⑤ すると，インダクタンス L に蓄積されたエネルギーがダイオード D_2 を導通させ，i_D が流れる.

⑥ 出力電流 i_2 は i_T と i_D が交互に供給する.

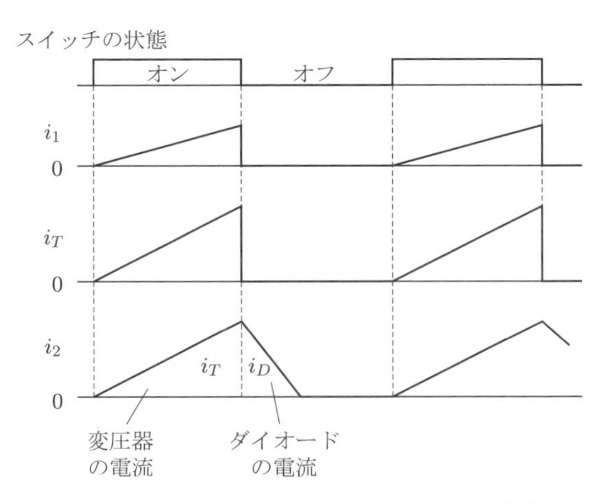

図 5.11　フォワードコンバータの電圧電流波形

この回路ではオン時には 1 次巻線と 2 次巻線に同時に電流が流れ，オフ時にはいずれも流れない．なお i_1，i_2 とも，電流は一方向に流れる直流電流の断続である.

変圧器を使う場合，変圧器の巻数比によって出力電圧を設定できるので，デューティファクタを制御することによってさらに精密に電圧調整することが可能である.

5.3.2 フライバックコンバータ

フライバックコンバータ (flyback converter) は逆極性の変圧器を用いる回路である．フライバックコンバータの回路を図 5.12 に示す．図に示すように変圧器の 1 次，2 次巻線の巻き始めが逆になるように巻いてあるので「●」が逆になっている．

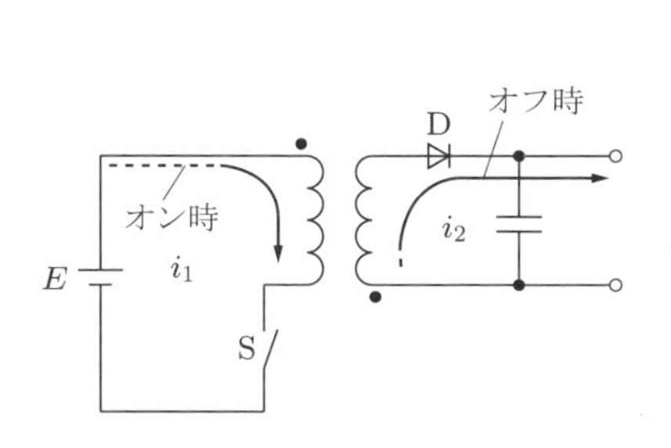

図 5.12 フライバックコンバータ

スイッチの状態
オン
オフ
i_1
0
i_2
0

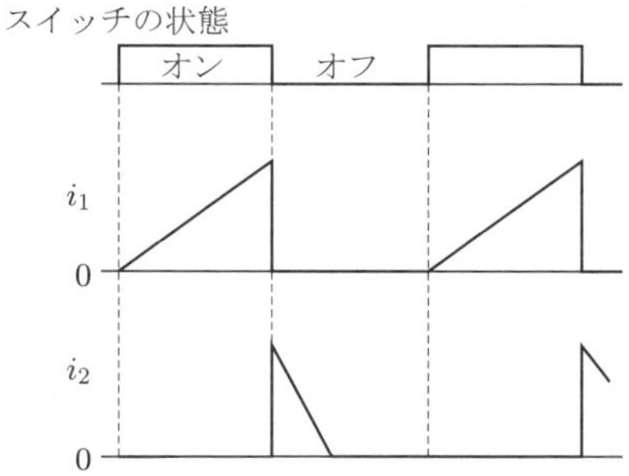

図 5.13 フライバックコンバータの電圧電流波形

フライバックコンバータの動作を図 5.13 により説明する．

① スイッチがオンすると 1 次巻線に電流 i_1 が流れる．

② しかし，変圧器が逆極性になっているため，ダイオード D により電流が阻止されて，2 次巻線には電流は流れない．

③ スイッチがオンの間は 1 次巻線のインダクタンスにエネルギーを蓄積している．

④ スイッチがオフして 1 次巻線の電流が流れなくなると，それまでインダクタンスに蓄積されたエネルギーが誘導起電力となってダイオード D を導通させる．

⑤ 変圧器に蓄えられたエネルギーが放出され，2 次巻線に電流 i_2 が流れる．

フライバックコンバータでは電流は図 5.13 のようにオンの期間に 1 次巻線に電流 i_1 が流れ，オフの期間に 2 次巻線に電流 i_2 が流れる．つまりオン期間中に変圧器に出力エネルギーを蓄え，オフ期間中にそれを放出する．フライバックコンバータは出力する電力はすべて変圧器にいったん蓄えるため大容量には向かない回路方式である．数 100 W 以下の電源回路でよく用いられている．

フォワードコンバータはオン時にインダクタンスを通して負荷に電流を流す降圧チョッパのような動作をするのに対して，フライバックコンバータはオン時にはエネルギーを蓄積し，オフ時にそれを放出する昇圧チョッパのような動作であると考えてよい．

5.3.3 リンギングチョークコンバータ

小容量の電源ではリンギングチョークコンバータ (RCC：Ringing Choke Converter) とよばれる自励発振する回路が使われる．RCC 方式は変圧器の誘導起電力を利用して自励発振によりスイッチングを行う．そのため，変圧器には誘導起電力を得るための制御用のベース巻線が設けられている．

リンギングチョークコンバータの回路を図 5.14 に示す．この回路の動作を説明する．

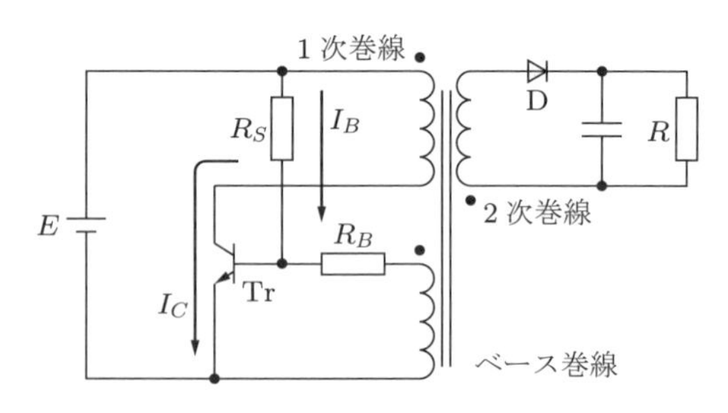

図 5.14　リンギングチョークコンバータ

① 電源 E が接続されると R_S を通してバイポーラトランジスタ Tr のベースに電流 I_B が流れる．

② ベース電流が流れるとトランジスタが導通（オン）するのでコレクタ電流 I_C が流れる．

③ コレクタ電流 I_C は 1 次巻線のインダクタンスを流れる電流なので時間とともに増加する．この間，変圧器のインダクタンスにエネルギーが蓄積される．

④ コレクタ電流 I_C が大きくなりすぎるとベース電流 I_B が不足してしまい，バイポーラトランジスタがオフしてしまう[†]．

⑤ トランジスタがオフした瞬間にインダクタンスがエネルギーを放出する．これによりベース巻線に誘導起電力が生じる．

⑥ 生じた誘導起電力は R_B を通してトランジスタのベース電流となって流れる．すると，トランジスタが再び導通する．

⑦ これが繰り返されるのでオンオフが続く．

このような自励発振を使えばスイッチングのための制御回路が不要となる．回路が簡便なため，50 W クラス以下のプリント基板への組込み用の電源回路で多用されている．

† トランジスタの電流は $I_C = h_{FE} \times I_B$ の関係を満たさなくてはならない．

5.3.4 インバータを使った絶縁型電源

直流電力を交流に変換するインバータ回路（第 6 章で後述）を使うこともある．図 5.15 に示すように，直流を交流に変換し，変圧器で絶縁し，さらに直流に変換する．直接電力変換を 2 回行う．このような電力変換を間接電力変換とよぶ．

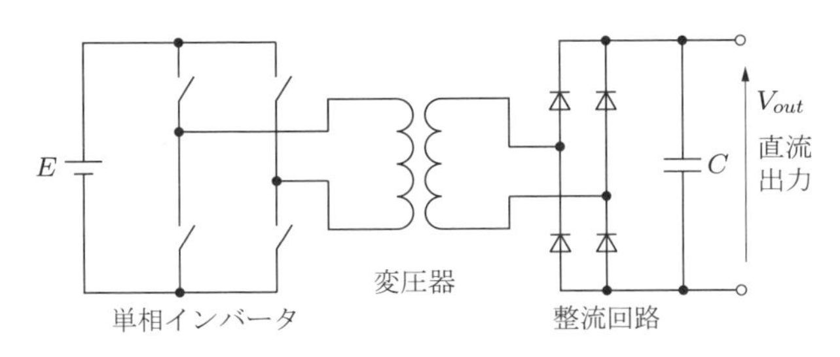

図 5.15　インバータを使った絶縁型電源

図に示すように，単相インバータの出力に変圧器を接続し，変圧器の出力を整流回路で整流する．この方式は交流の周波数を高くすると変圧器が小型化できることが特徴である．さらに変圧器の巻数比とインバータの制御により出力電圧が調節できる．この方式は高電圧や大電力の直流電力を得るときによく使われる．

▶ 復習　変圧器の極性

変圧器は交流電力を扱うので通常は変圧器の極性は問題にはならない．しかし直流回路では極性が問題になる．変圧器の極性とは巻線の巻き方により 1 次 2 次の電圧の正負が一致するか，ということである．図 5.16 に示すように V 点を基準としたとき U 点の 1 次側の交流電圧の瞬時値と一致する 2 次端子を u 点としている．巻線の方向により 2 次側端子の瞬時値が異なる．

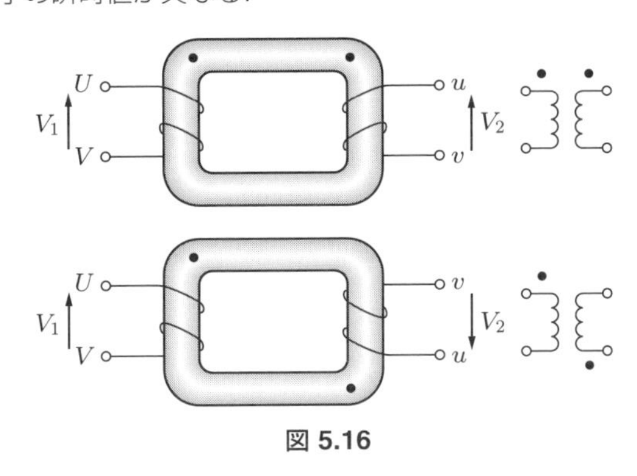

図 5.16

これを図記号ではコイルに「●」（ドット）をつけて区別している．巻き始めを「●」のある端子で示し，互いに同極性の端子であることを意味する．

第5章の演習問題

5.1　入力電圧が 24 V で，出力電圧 5 V を出力する直流変換回路がある．この回路の効率は 90%である．出力側の電流が 10 A のとき，入力側に流れる電流を求めよ．また，この回路に生じる損失を求めよ．

5.2　図に示す回路はハイブリッド自動車に使われている回路である．回路の動作を説明し，この回路がなぜ使われているかを考察せよ．

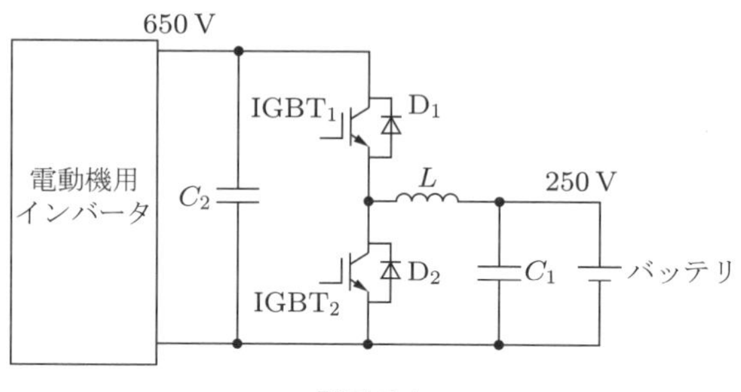

問図 5.1

5.3　本文図 5.10 に示すフォワードコンバータのスイッチング周波数が 10 kHz で，デューティファクタは 0.5 である．このときスイッチ S を流れる電流のピーク値を求めよ．ただし，入力電圧 E は 141 V であり，変圧器の 1 次巻線の自己インダクタンス L_1 は 1 mH とする．なお，スイッチおよび変圧器は理想的なものとし，スイッチの導通時の抵抗および変圧器の巻線抵抗などはゼロであると仮定する．

6 直流を交流に変換する

直流を単相交流に変換するには，直流電源のプラスとマイナスを交互に出力すればよい．こうすれば，電圧の極性に応じて電流の向きが逆転する．電流の向きが交互に入れ替わるので交流電流と考えることができる．このような回路をインバータ (inverter) とよぶ．インバータは直流電力を交流電力に変換する回路の名称である．しかしインバータ回路を用いて交流電力を出力する機器のこともインバータとよんでいる．本章では多くの応用分野で使われているインバータ回路を中心に述べてゆく．

6.1 インバータの原理

まず，直流から交流に変換する原理を説明する．二つの直流電源と二つのスイッチが負荷抵抗に接続されている図 6.1 の回路を考える．この回路の二つの直流電源はそれぞれ E [V] の電源であり，直列に接続されている．いま，スイッチ S_1 をオンすると，図に示すように負荷抵抗 R には右から左へ電流が流れる．次に S_1 をオフしてからスイッチ S_2 をオンする．実は，この回路では S_1 と S_2 は同時にオンしない約束になっている．この回路で S_1 と S_2 を同時にオンするとショート（短絡）してしまう．ショートすると，抵抗がほとんどゼロに近い状態で電源のプラスとマイナスが接続されて極端に大きな電流が流れてしまう．

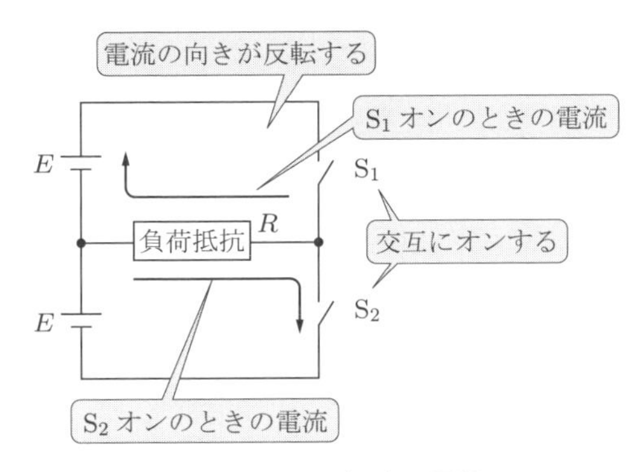

図 6.1 インバータの原理

スイッチ S_2 をオンすると，今度は負荷抵抗 R には左から右へ電流が流れる．S_1 をオンしたときと S_2 をオンしたときでは電流の向きが反転する．つまり，このとき負荷抵抗 R に流れているのは交流電流である．負荷抵抗の両端の電圧はスイッチの切り換えに応じて $+E$ と $-E$ に入れ替わる．負荷抵抗の両端の電圧電流は図 6.2 に示すような波形になる，この電圧波形は矩形波（くけいは）とよばれる．波形が正弦波ではないが，これも交流電圧の一種である．また，電流も負荷抵抗 R の大きさと電圧 E からオームの法則で決まる振幅が $I = E/R$ の矩形波の交流電流である．このようにして交流を作るためには S_1 と S_2 のオン時間を等しくし，常に一定にしなくてはならない．オンオフする繰り返し時間を調整すれば望みの周波数の交流電流を流すことができる．

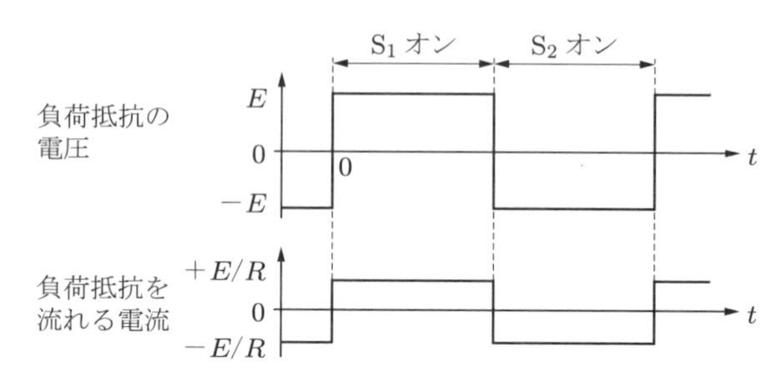

図 6.2　負荷抵抗を流れる電流

図 6.1 のような回路をハーフブリッジインバータとよぶ．ハーフブリッジインバータの動作はインバータの原理を示している．しかし，回路として考えると，直流電源が二つ必要となる．数が二つということは電圧が 2 倍必要であるということである．直流電源 $2E$ に対して振幅が E の交流電圧しか得られない．つまり交流電圧が低くなってしまう．しかも，それぞれの直流電源は交互にしか使われないから時間的にも 1/2 の時間しか利用されない．これを電圧に対しても時間に対しても電源の利用率が悪いという．

6.2　単相インバータ

実際に使われる回路では電源の利用率が高い回路を使うことが多い．ここではよく使われているフルブリッジインバータ回路を説明する．

6.2.1　フルブリッジインバータの原理

ハーフブリッジインバータの動作を一つの直流電源 E のみでできるようにした回路を図 6.3 に示す．図 (a) に示すようにスイッチをオンオフするのではなく，プラスと

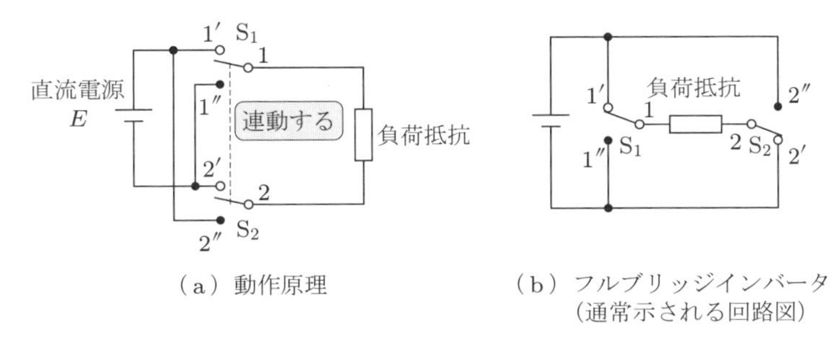

図 6.3 フルブリッジインバータの原理

マイナスに切り換えられるようにすればよい．ただし，スイッチ S_1 と S_2 を連動させて動作させる必要がある．この回路でも負荷抵抗の両端の電圧は図 6.2 の波形となる．一般には図 6.3(b) のように書き換えた回路図で説明されることが多い．この回路をフルブリッジインバータとよんでいる．図の (a) と (b) は，番号を付けたスイッチ端子が対応しており，同じ回路を表している．

図 6.3 で示した回路はスイッチの切り換えが必要である．しかし，切り換えスイッチに半導体を使おうとすると実現するのが難しい．半導体スイッチはオンオフ（入り切り）を行うのが普通の使い方である．半導体スイッチで同じことを実現するために 5.2.3 項で説明した H ブリッジ回路を用いる．図 5.6 に示した H ブリッジ回路は図 6.3 のプラスマイナスの切り換えを電源のプラスとオンオフするだけのスイッチ S_1，S_3 と，電源のマイナスとオンオフするだけのスイッチ S_2，S_4 の二つに分けている．合計四つのスイッチを使って四つの動作を行っている．この回路では S_1 と S_4 がオンしているときにはそれぞれ S_2 と S_3 をオフし，S_1 と S_4 がオフのときには S_2 と S_3 はオンする．

この動作は実は，図 6.3 で示した回路とまったく同じ動作をしていることになる．S_1 と S_4 がオンしているときには負荷抵抗の左から右に向けて電流が流れる．S_2 と S_4 がオンしているときには負荷抵抗の右から左に向けて逆方向の電流が流れる．このオンオフを交互に行うと負荷抵抗 R の両端の電圧は図 6.2 に示す波形になる．スイッチを切り換えるごとに抵抗に $+E$ と $-E$ の電圧が印加される．負荷抵抗の両端の交流電圧は振幅が $\pm E$ の矩形波になる．負荷抵抗に流れる電流は振幅が $\pm E/R$ の矩形波の交流電流である．抵抗が消費する電力 P は $P = E \cdot I = E^2/R$ となる．このようにフルブリッジインバータを用いれば直流電源 E と同一振幅の矩形波の単相交流を得ることができる．

6.2.2 フルブリッジインバータの動作

ここで H ブリッジ回路の負荷を RL 直列回路としたときを図 6.4 に示す．この回

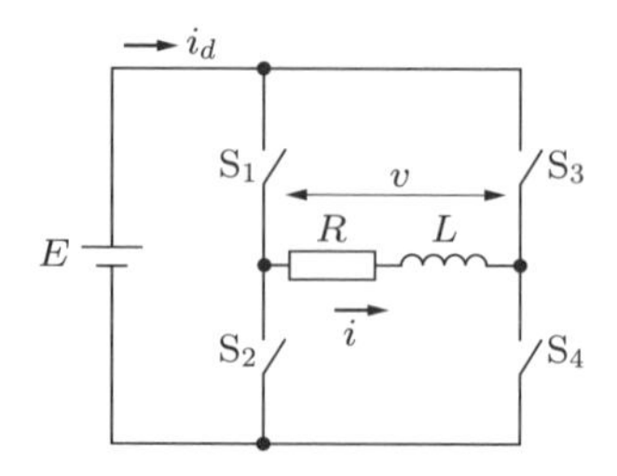

図 6.4　*RL* 負荷のフルブリッジインバータの原理

路の各部の波形を図 6.5 に示す．図 (a) に示す電圧波形 v は抵抗負荷のときと同様に矩形波である．しかし図 (b) に示すように電流 i の波形は負荷のインダクタンス L による影響を受けるので矩形波とはならない．インダクタンスはエネルギー蓄積素子であり，電圧がステップ状に印加されても電流はそのままステップ状には立ち上がらない．インダクタンスにエネルギーを蓄積しながら電流が立ち上がるので電流はゆるやかに増加する．一方，インダクタンスに蓄積されたエネルギーは誘導起電力を生じ，スイッチが切り換わって，電圧の極性が逆になっても同一方向の電流を流し続けてエネルギーを放出する．そのため電流波形は電圧波形よりもゆっくり変化するので電流は電圧よりも位相が遅れているように見える．

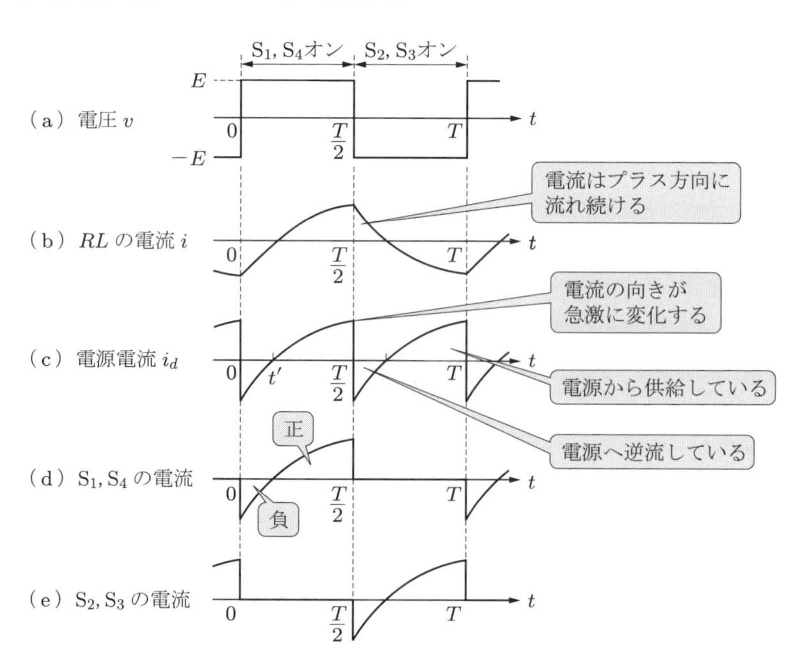

図 6.5　*RL* 負荷での電圧電流波形

このとき電源から供給される電流 i_d は直流ではなく図 (c) に示すように $0 \sim t'$ では負，$t' \sim T/2$ では正となる．電源から流れる電流 i_d が負になるということは負荷から電源に向けて電流が流れていることを示している．各スイッチに流れる電流 (d)，(e) も負になる期間がある．この期間はスイッチの下から上に向けて電流が流れている．つまりスイッチには正負の電流が流れる．以上のことは負荷のインダクタンスに蓄えられたエネルギーを電源に供給する期間があるということを示している．

半導体スイッチを使った場合，半導体のパワーデバイスは一方向しか電流を流すことができない．逆方向電流を流すためにスイッチ素子に逆並列にダイオードを接続する必要がある．二つの素子で一つのスイッチ機能を果たすようにする．図 6.6 はスイッチに IGBT を用いた実際の回路を示している．

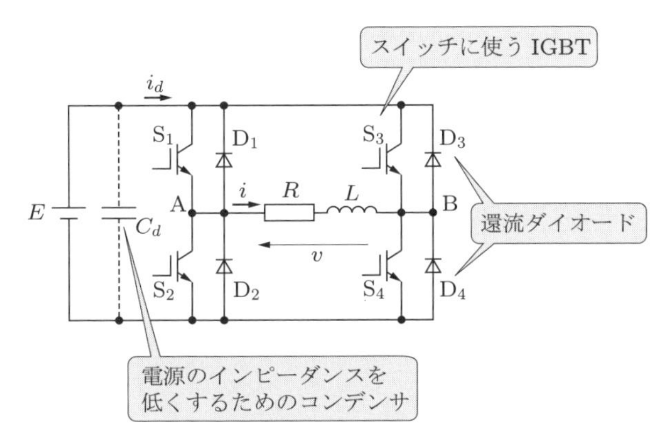

図 6.6 単相インバータ回路

逆並列に接続されたダイオードは $i_d < 0$ のときに電流が流れるような方向に接続されている．負荷のインダクタンスに蓄積されたエネルギーを電源に帰還させるので還流ダイオード (free wheel diode) とよばれる．図 6.5(c) で示したように，スイッチの切り換わりの瞬間に i_d は流れる方向が逆転する．電流を急激に電源に流し込むためには電源の高周波インピーダンスが十分に低い必要がある．そのため電源とスイッチの間にコンデンサ C_d を接続する．コンデンサは周波数が高いほどインピーダンスが低くなる $(1/j\omega C)$．そのため，コンデンサを電源に並列に接続すると電源の高周波インピーダンスを低くすることができる．

6.3 三相インバータ

単相インバータを 3 組使えば直流を三相交流に変換できる．その場合，スイッチとして使うパワーデバイスが12組必要になってしまう．回路を単純にするため，図6.7に示すようにS_1からS_6の6個のスイッチを使って三相負荷に接続する．6個のスイッチで構成されたインバータのスイッチの動作は，S_1がオンしているときにはその下の

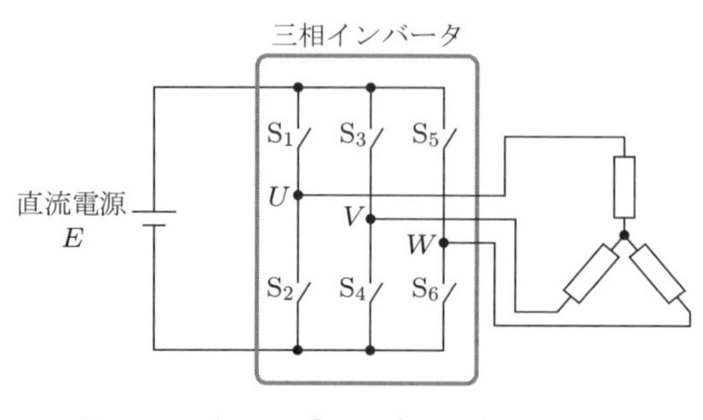

図6.7　三相フルブリッジインバータの原理

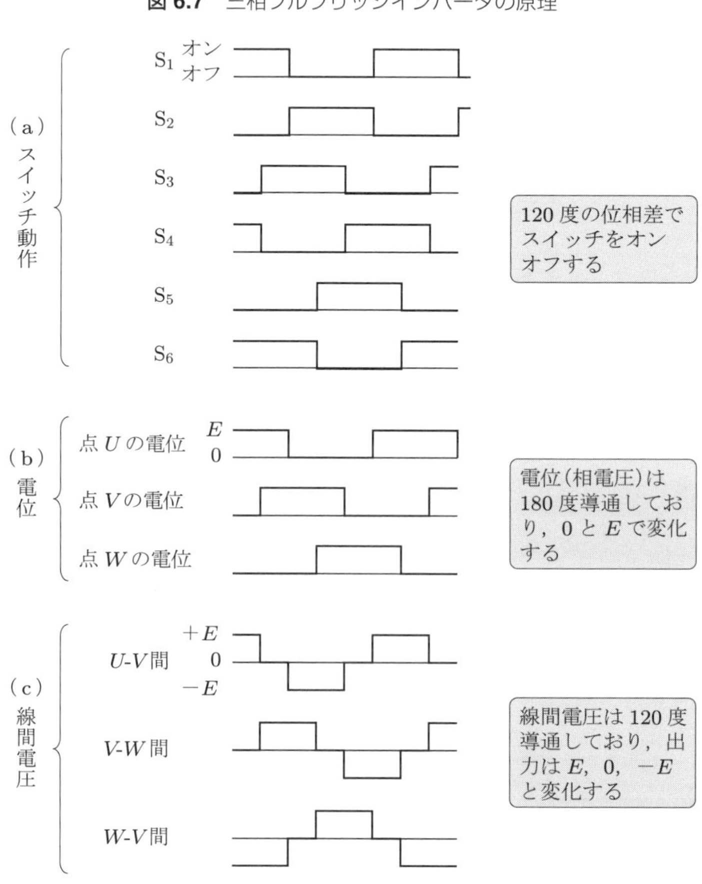

図6.8　三相インバータのスイッチング

S_2 はオフするものとする．S_3 と S_4，S_5 と S_6 の組も同様の動きをするものとする．たとえば S_1 がオンして S_2 がオフしていれば U 点は電源のプラスに接続されることになる．したがって U 点の電位は E となる．

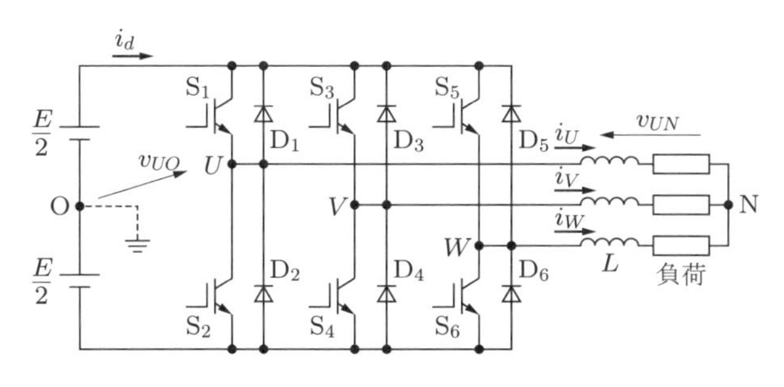

図 6.9 三相インバータ回路

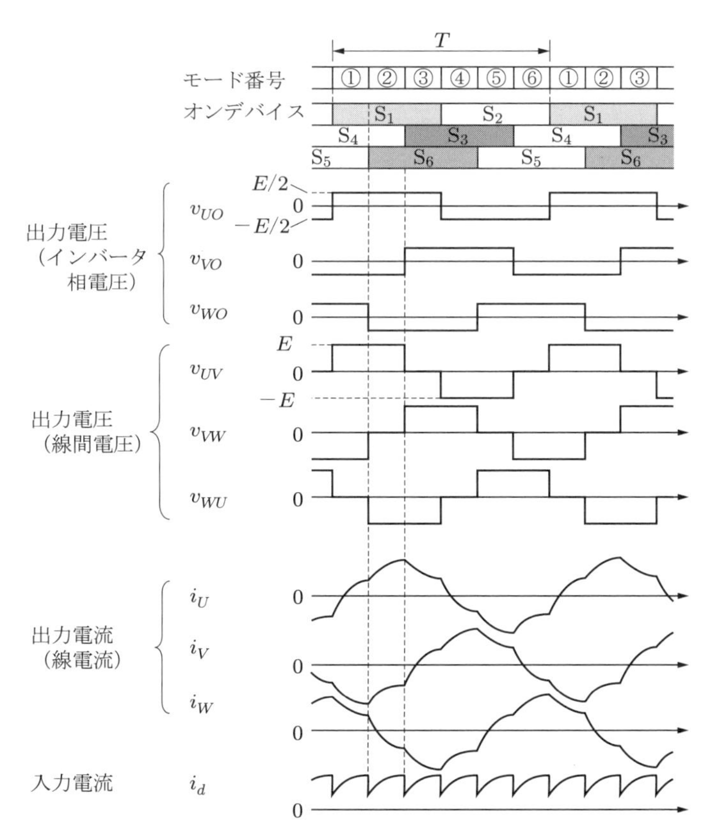

図 6.10 各部の電圧電流波形

いま，S_1～S_6 のスイッチは図 6.8(a) に示すタイミングで動作させる．これは 3 組のスイッチペアの動作に 120 度の位相差があることを示している．このとき U, V, W 点の電位は図 (b) に示すように，それぞれの組合わせに応じて 0 と E に変化する．このとき三相負荷端子の U-V 間の線間電圧は U 点の電位から V 点の電位を引いたものである．線間電圧は図 (c) に示すように，$+E$，0，$-E$ と変化する．このようにスイッチを動作させれば線間電圧はステップ状の交流波形になる．これで直流電力が三相交流電力に変換できたことになる．ここで注意したいのは，スイッチは 180 度通電しているが得られる線間電圧には出力がゼロの期間があるので 120 度の通電期間しかないということである．

実際の IGBT を使った回路を図 6.9 に示す．三相の場合，直流電源 E を中性点 O のある $\pm E/2$ の電源と考える．電源の中性点が接地の電位とする．この電位を出力の基準電位とする．図ではスター結線の三相の RL 負荷が接続されている．

このときの各部の電圧電流は図 6.10 に示すようになる．入力電流 i_d は各期間でオンしているスイッチのいずれか 1 個を流れる電流の組み合わせになっている．図で示したようにモード番号 ② においてはスイッチ S_1 のみがオンしており，その期間では $i_d = i_U$ となり S_1 を流れる電流が入力電流である．6 個のスイッチが順次切り換わって 1 周期となる．このような動作をするインバータを 6 ステップインバータとよぶ．図からもわかるように入力電流は 1 周期で 6 回同じ波形を繰り返す．つまりインバータ回路に入力する直流電流 i_d は出力している交流周波数の 6 倍の周波数で変動し，リプルがあることになる．

6.4　さまざまなインバータ回路

ここでは大容量のインバータで使われる多レベルインバータおよび多重インバータと家電などに使われる共振形インバータについて述べる．

6.4.1　多レベルインバータ

多レベルインバータ (multi level inverter) とは複数のインバータを直列に接続して入出力の高電圧を分担して動作するインバータである．これまで述べたインバータの各相の出力電圧は E および $-E$ のいずれかである．そこで 2 レベルインバータとよばれる．つまり入力直流電圧を 2 分割して出力している．多レベルインバータでは入力の直流電圧を $(n-1)$ 個のレベルに分割する．分割した電圧に対応して n 個のインバータを直列接続する．このとき出力電圧は 0 も含めれば n 個のレベルの電圧を出力できる．多レベルインバータの原理を図 6.11 に示す．分割された直流電源にそれぞれ

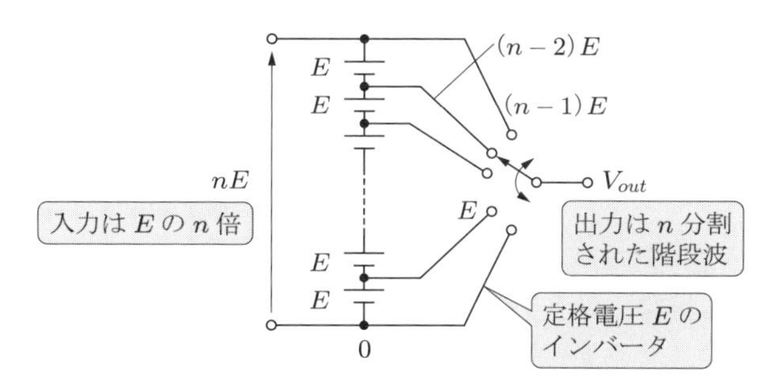

図 6.11 多レベルインバータの原理

インバータが接続されている．出力はこのうちのいずれかが選択される．

多レベルインバータはスイッチに用いるパワーデバイスの耐圧よりも高い入出力電圧を扱うことが可能である．また出力する波形が n 個のレベルに分割されており，正弦波に近づく．高電圧を扱うときに電圧定格の低いパワーデバイスでインバータを構成できる．

3 レベルインバータは多レベルインバータの一つである．3 レベルインバータは直流電源の中性点も出力となるので NPC インバータ (Neutral Point Clump inverter) ともよばれる．図 6.12 に単相 3 レベルインバータの主回路を示す．この回路では上下二つのインバータ回路により 0，$E/2$，$-E/2$ の 3 レベルの相電圧が出力できる．そ

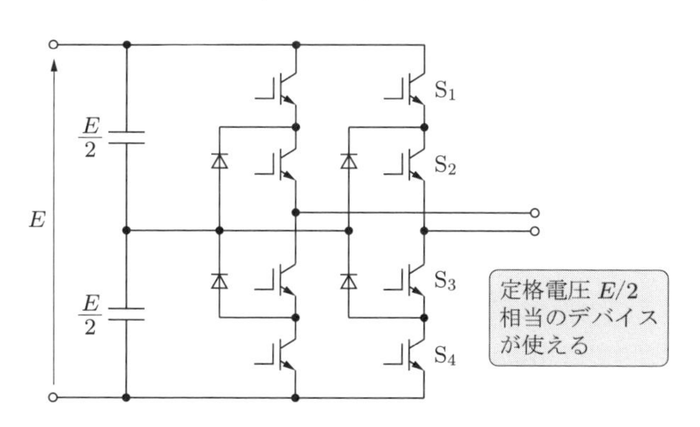

図 6.12 3 レベルインバータの回路

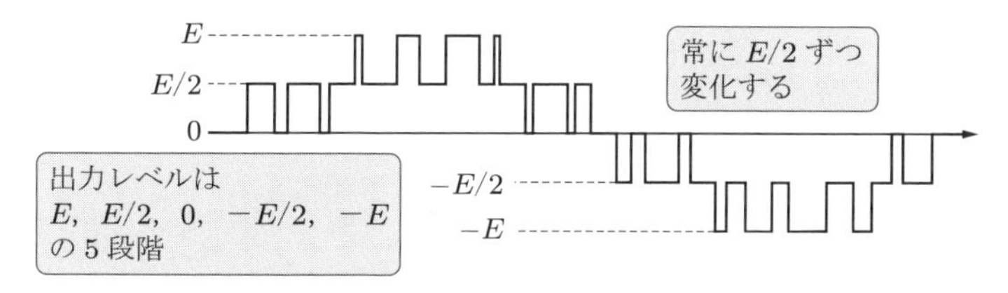

図 6.13 3 レベルインバータの出力線間電圧波形

の結果，線間電圧には 0，$\pm E/2$，$\pm E$ の 5 レベルが出力できる．3 レベルインバータの出力波形の例を図 6.13 に示す．図からわかるように出力線間電圧は常に $E/2$ ずつ変化してゆく．

6.4.2　多重インバータ

多重インバータとは変圧器やリアクトル（11.2 節参照）を用いて複数のインバータの出力を合成する方式である．ここでは直列多重インバータについて述べる．

単相インバータを 2 個直列に多重化した回路を図 6.14 に示す．二つのインバータ

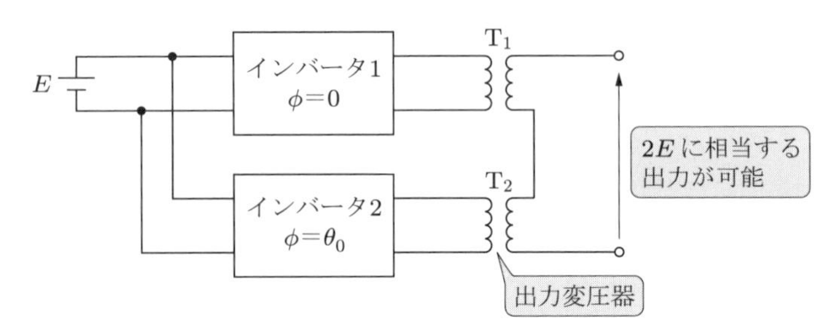

図 6.14　直列多重インバータ

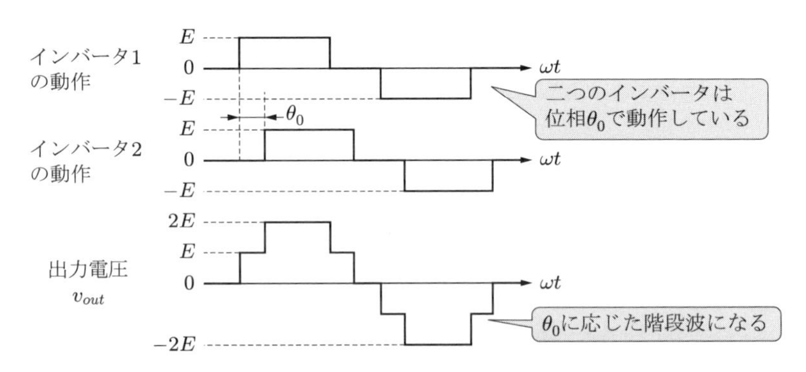

図 6.15　多重インバータの出力波形

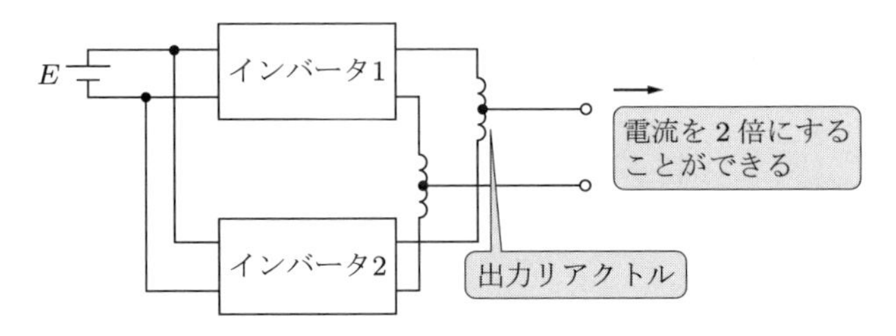

図 6.16　並列多重インバータ

の出力は変圧器を介して合成される．インバータ 2 はインバータ 1 に対し位相 θ_0 で動作しているとする．このときの動作波形を図 6.15 に示す．二つのインバータの出力が重なっている期間は出力電圧が 2 倍になる．入力電圧より高い交流電圧が出力できるうえ，多重数が多いほど出力波形はより正弦波に近づいてゆく．このほか，図 6.16 に示すようにリアクトルにより並列に多重化したものを並列多重インバータとよび，出力電流を合成することもできる．

6.4.3 共振型インバータ

パワーデバイスがスイッチングするとスイッチング損失が発生する．しかし電圧または電流のいずれかがゼロのときにスイッチングすればスイッチング損失は発生しない．このようなスイッチングをソフトスイッチング (soft switching) とよぶ．これに対して通常のスイッチングはハードスイッチング (hard switching) とよばれる．ソフトスイッチングを実現している例として共振型インバータについて述べる．

共振型インバータの例を図 6.17 に示す．インバータの出力に共振回路を接続した方式である．図 (a) に示すのは LC 共振回路を負荷と直列に接続する直列共振形回路である．図 (b) は直列にリアクトルを接続し，さらに並列にコンデンサを接続した並列共振形回路である．共振波形の電圧または電流がゼロのときにスイッチングを行う．共振型インバータはスイッチング損失が小さいので高周波のインバータに使われている．

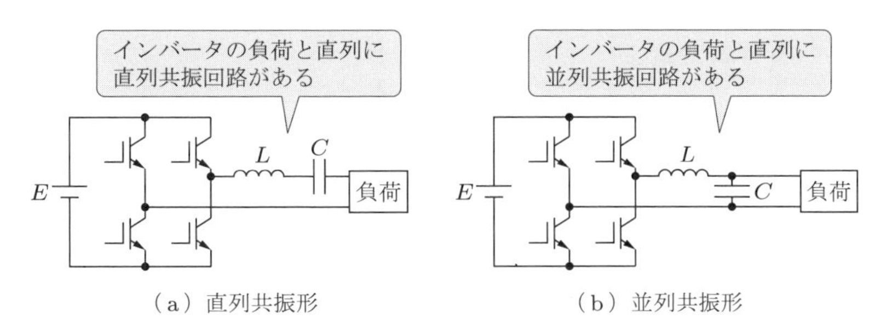

（a）直列共振形　　（b）並列共振形

図 6.17 共振型インバータ

第 6 章の演習問題

6.1 問図 6.1 の回路で矩形波の交流電圧を発生させたとする．このとき，次の諸量を求めよ．

(1) 出力電流 i の実効値 I_{eff} （後述の式 (10.2) を使用する）

(2) 出力する交流電力 P_R

(3) 直流電源電流 i_d の平均値 I_d

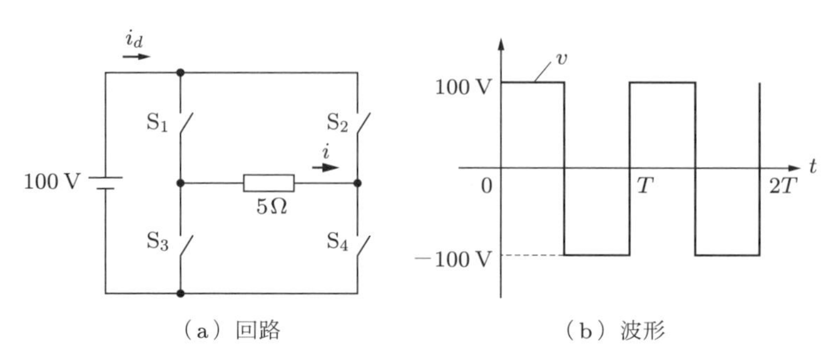

（a）回路　　（b）波形

問図 6.1

6.2　問図 6.2(a) に示すインバータ回路は負荷に RL 直列回路が接続されたハーフブリッジインバータである．この回路において S_1，S_2 を図 (b) のように動作させたとき負荷に流れる電流の波形を描き，電流の最大値を求めよ．ただし $E = 100\,\mathrm{V}$，$R = 5\,\Omega$，$L = 20\,\mathrm{mH}$，$T = 20\,\mathrm{ms}$ とする．

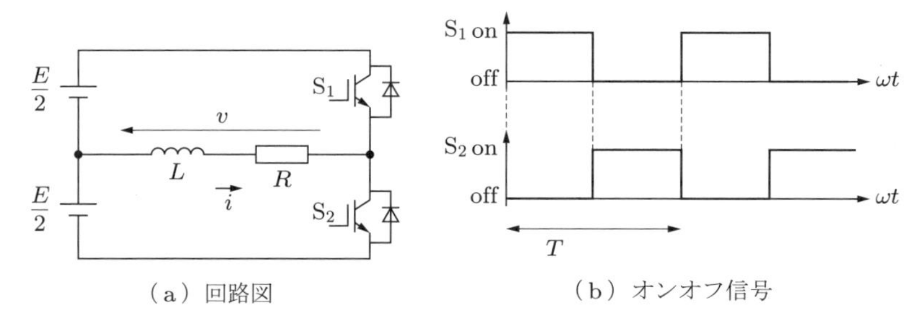

（a）回路図　　（b）オンオフ信号

問図 6.2

6.3　問図 6.3 に示すような三相インバータに三相の負荷を接続したとする．このとき，インバータの直流電源の中性点 O と負荷の中性点 N の間の電圧 v_{NO} を求め，波形を描け．また，それを用いて負荷の相電圧の波形を描け．

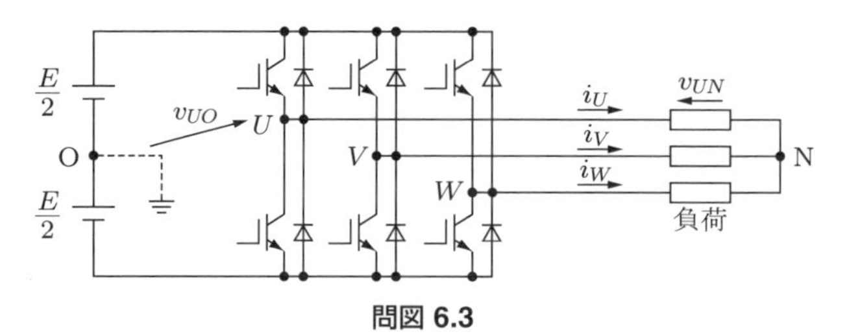

問図 6.3

交流を直流に変換する

ここでは交流から直流への変換について述べる．交流から直流に変換することを整流という．また交流から直流への電力変換を順変換という．この変換は商用電力の交流をパワーエレクトロニクスで利用するためには欠くことのできない電力変換である．

7.1 半波整流回路

ダイオードは外部から制御することができない非可制御デバイスである．ダイオードは外部から印加される電圧の極性によってのみオンオフする．つまりダイオードは交流電力のうちの一方の極性の電流だけを流す機能を持っている．

7.1.1 半波整流回路の原理

ダイオードを使った半波整流回路 (half wave rectifier) の原理を図 7.1 に示す．このように負荷が抵抗のみの場合，交流電圧 $v = \sqrt{2}V \sin\theta$ の正の半周期の期間のみ導通する．直流電圧 e_d の平均値 E_d は次のようになる．

$$E_d = \frac{1}{2\pi}\int_0^{2\pi} e_d dt = \frac{1}{2\pi}\int_0^{\pi} v dt$$

直流電圧
交流電圧
正の半周期の期間
面積を求める
平均値

$$= \frac{1}{2\pi}\int_0^{\pi} \sqrt{2}V \sin\theta d\theta = \frac{\sqrt{2}}{\pi}V = 0.45\,V \tag{7.1}$$

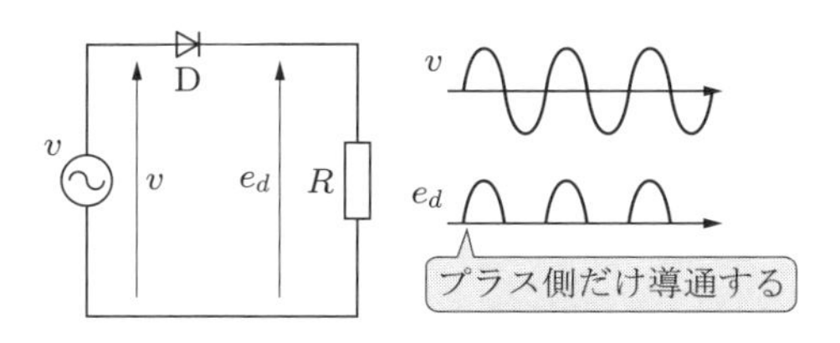

図 7.1　半波整流回路

半波整流回路の出力電圧は直流電圧が断続している．つまり直流電圧のリプルが大きい．また，直流として利用できる平均電圧が交流電圧の 1/2 以下である．

7.1.2 誘導性負荷の場合

図 7.2 に示すように負荷にインダクタンスを含む場合を考える．ダイオードは交流電圧 $v = \sqrt{2}V\sin\theta$ の位相角 $\theta = 0$ のときにオンする．このとき直流側の電圧 e_d は直列の L と R が次のように電圧を分担する．

$$e_d = v_L + v_R = L\frac{di_d}{dt} + Ri_d \tag{7.2}$$

（e_d：直流側電圧，v_L：L にかかる電圧，v_R：R にかかる電圧）

図 7.3 に示す v_R の波形は $v_R = Ri_d$ なので，電流 i_d の波形の曲線と同じ形を表していることになる．

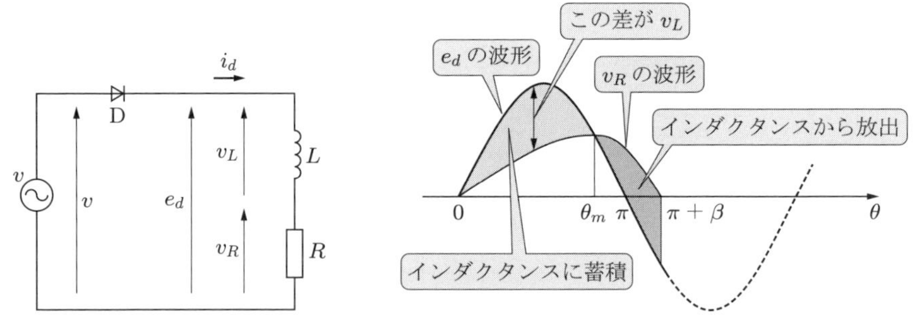

図 7.2　インダクタンス負荷の半波整流回路　　**図 7.3**　インダクタンスがあるときの波形

$\theta < \theta_m$ では $e_d > v_R$ となる．また，$\theta = \theta_m$ で $v = Ri_d$ となる．このことは，ここで電流 i_d も最大となるので，$di_d/dt = 0$ であり，

$$v_L = L\frac{di_d}{dt} = 0 \tag{7.3}$$

（v_L：インダクタンスの電圧降下，0：電流の最大値では電流の変化がない）

であることを示している．これ以降の $\theta > \theta_m$ では電流は減少するので，$L(di_d/dt) < 0$ となる．

$\theta = \pi$ になって $v = 0$ となっても v_L が残っているので抵抗 R に電圧が加わり，$\theta = \pi + \beta$ になるまで電流 i_d が流れ続ける．このことはインダクタンス L が蓄積したエネルギーを放出するまでは電流が流れ続けるということであり，その間はダイオードはオフしない．図においてインダクタンスに蓄積するエネルギーと放出するエネルギーは等しいので，それぞれを表す面積は等しい．なお，β は L/R によって決まる．これについては 8.1 節で後述する．L が大きいほど β が大きくなる．しかし L が大きくなると電流 i_d がゆっくり立ち上がるので i_d の最大値は小さくなる．極端な場合，$L \to \infty$ において，$i_d \to 0$，$\theta_m \to \pi$，$\beta \to 2\pi$ となりダイオードは常にオンしており，しかも電流が流れない状態になってしまう．

7.1.3 還流ダイオードの追加

ここで，図 7.2 にダイオード D_2 を追加した図 7.4 の回路を考えよう．電源電圧が正の半周期ではダイオード D_1 はオンし，電流 i_1 が流れる．このとき，D_2 はオフしている．したがって図 7.2 の回路動作とまったく同じである．

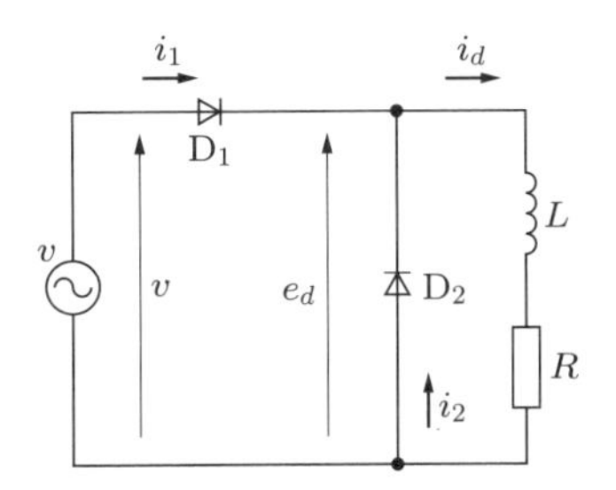

図 7.4 還流ダイオードを追加した整流回路

電源電圧 v は $\theta = \pi$ で負の半周期になると D_1 は逆電圧状態になりオフし，同時に D_2 が順電圧になるのでオンする．$\theta = \pi$ で電流 i_d の経路が切り換わり，i_2 は $L \to R \to D_2$ の回路を還流する．インダクタンスに蓄積されたエネルギーは $\theta > \pi$ では D_2 を経路として放出される．このとき，直流電圧の波形は図 7.1 に示した抵抗負荷の場合とまったく同じであり，直流電圧の平均値は式 (7.1) と等しくなる．

D_2 は還流ダイオードとよばれる．還流ダイオードがある場合の各部の電圧電流波形を図 7.5 に示す．D_2 がオンしている還流期間には i_2 は L/R の時定数で減衰する波形になる．図 (c) に示すように L が大きくなるとゆっくり減衰し，i_d は直流に近づく．図 (d) に示すように $L \to \infty$ のとき，i_d は完全に直流になる．このとき，交流電流 i は矩形波となる．このように負荷のインダクタンスが大きいと直流電流の変動を小さくすることができる．これを利用して，平滑のためにインダクタンスを入れる場合がある．これを平滑リアクトルとよぶ．7.3.2 項で後述するチョーク入力形整流回路では積極的にインダクタンスを利用している．

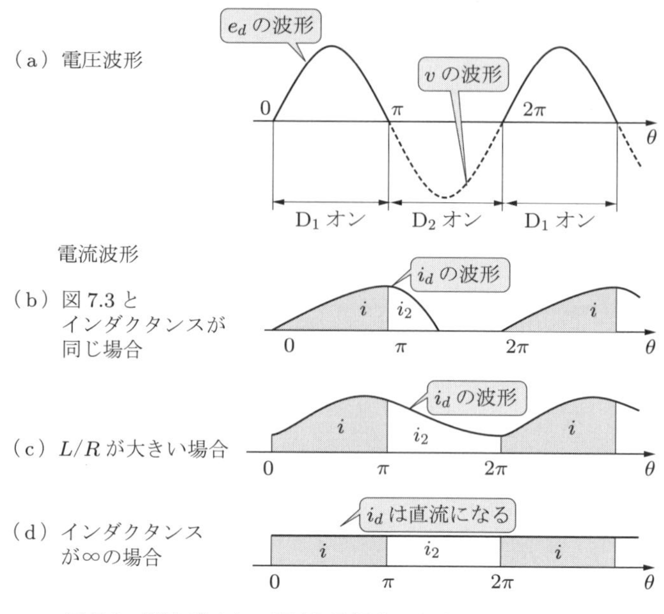

図 7.5　還流ダイオードがある場合の直流側の電圧と電流

7.2　全波整流回路

全波整流回路 (fullwave rectifier) について，まず単相交流で説明し，続いて三相交流について述べる．

7.2.1　単相全波整流回路

ダイオードを二つ使って交流の正負の両サイクルを利用する回路を全波整流回路という．変圧器の中点タップを使用したものを二相整流回路とよび，図 7.6 に示す．この回路では交流電圧の極性に応じて D_1，D_2 が交互に導通する．そのため，交流のプラスマイナスの両極性が利用できる．ダイオードによる電圧降下はダイオード 1 個分であり，次に述べるブリッジ回路よりも小さい．

変圧器を使わない場合，四つのダイオードでブリッジ回路を構成する．単相ブリッジ整流回路を図 7.7 に示す．このブリッジ回路では交流が正の半周期では D_1 と D_4 が導通し，負の半周期では D_2 と D_3 が導通する．変圧器が不要なので一般によく使われている．ただしダイオードによる電圧降下はダイオード 2 個分になる．

いま，交流電圧を $v = \sqrt{2}V\sin\theta$ とする．ダイオードによる電圧降下は無視すると，このときの直流側の出力電圧 e_d は図 7.8 に示すような波形になる．これは式で表すと，$e_d = |v|$ である．このとき e_d の平均値 E_d は次のように求めることができる．

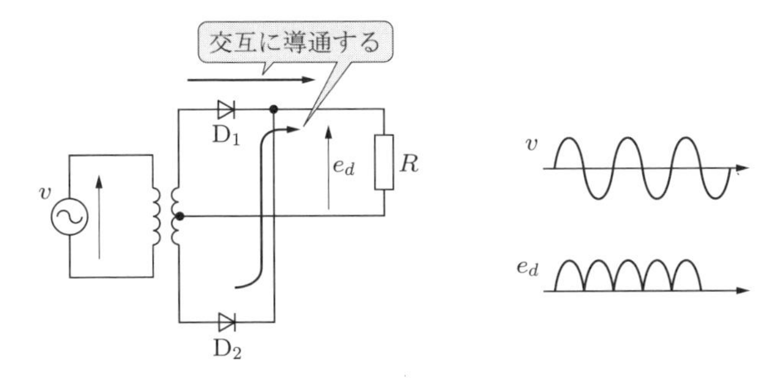

図 7.6　二相整流回路

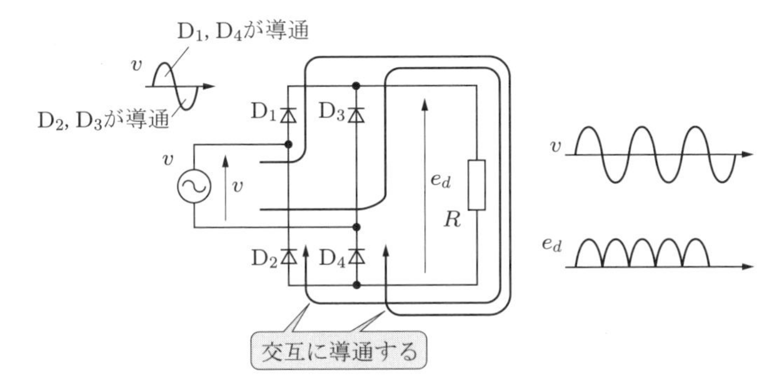

図 7.7　単相ブリッジ整流回路

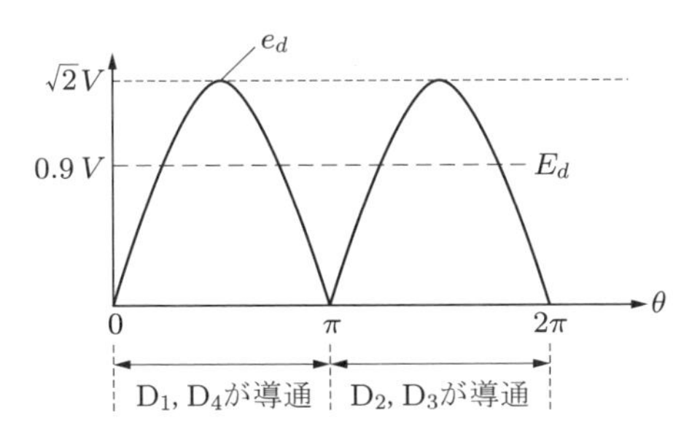

図 7.8　全波整流回路の出力波形

$$E_d = \frac{1}{\pi}\int_0^{\pi} \sqrt{2}V \sin\theta d\theta = \frac{2\sqrt{2}}{\pi}V \simeq 0.9V \qquad (7.4)$$

（E_d：平均値，V：交流の実効値）

この式に示す平均値 E_d が利用できる直流電圧である．V は交流電圧の実効値なので，交流の実効値の約 90% が直流電圧として利用できることがわかる．しかしながら e_d の波形は断続しており，この回路だけで完全に直流に変換できているわけではない．

7.2.2　三相全波整流回路

三相交流の整流回路は基本的には単相整流回路と同一であると考えてよい．三相ブリッジ整流回路を図 7.9 に示す．各部の電圧電流波形を図 7.10 に示す．ダイオード D_1～D_6 はそれぞれ 120 度ずつ導通する．つまり各相を流れる電流は 120 度の期間は流れ，60 度の期間は流れない．U 相に接続されているダイオードは D_1 と D_2 である．

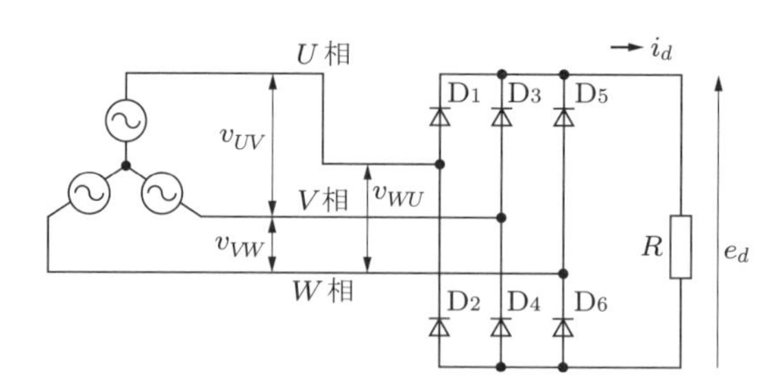

図 7.9　三相ブリッジ整流回路

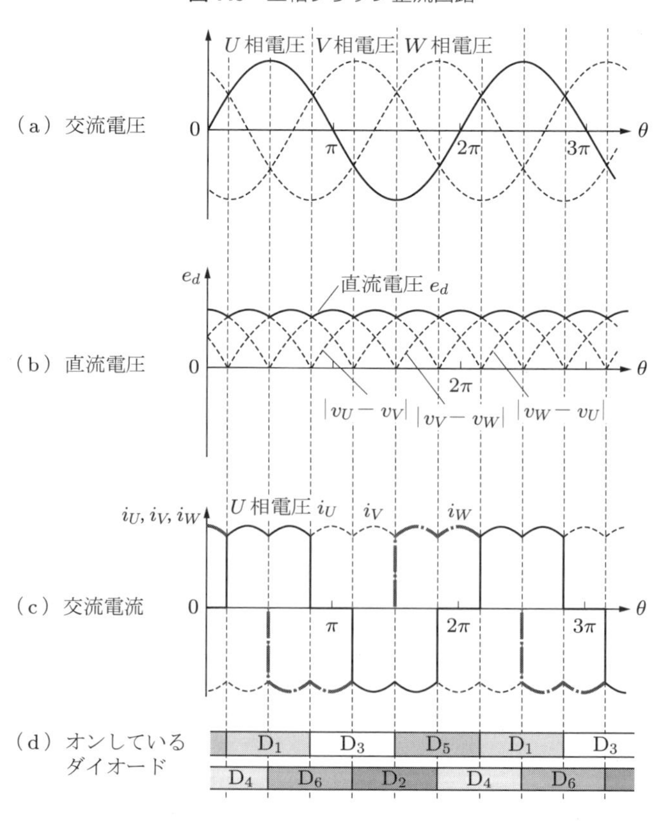

図 7.10　三相ブリッジ整流回路の各部の波形

図 (d) に示すように，D_1 または D_2 がオンしているときにのみ U 相に交流電流が流れる．D_1 が導通しているときと D_2 が導通しているときは逆方向の電流が流れる．電流の大きさはそれぞれ $i_d = e_d/R$ である．D_1 は上側のダイオードであるが，これが導通している 120 度の期間のうち，下側は D_4 と D_6 がそれぞれ 60 度ずつ導通する．そのため交流側の電流は U 相と W 相を流れる電流と U 相と V 相を流れる電流の合成となる．そのため，図 (c) に示すような山が二つあるような交流電流波形になる．

このような三相整流回路は交流電圧 1 周期に対して 6 個の繰り返し波形で構成されている．この整流回路のパルス数を 6 であるという．なお，図 7.7 に示した単相全波整流回路はパルス数が 2 である．パルス数を p とすると，その整流回路を p 相整流回路や p パルス整流回路とよぶことがある．整流回路のパルス数は交流の相数と異なることに注意を要する．

7.3 整流回路の平滑

直流電圧のリプルを低減し，入力電流波形を正弦波に近づけるために平滑を行う．二つの平滑の方法について述べてゆく．

7.3.1 コンデンサ入力型整流回路

全波整流回路で得られるのはリプルのある直流である．これを平滑するためにコンデンサを用いる回路をコンデンサ入力型整流回路とよぶ．全波整流回路と負荷抵抗 R の間にコンデンサ C を設ける．回路図を図 7.11 に示す．

この回路の動作を説明する．全波整流回路の出力電圧が高いときにはコンデンサが充電される．同時に負荷抵抗にもその電圧が印加される．また，全波整流回路の電圧が低いときには，コンデンサにそれまで充電された電圧が負荷に印加される．これを

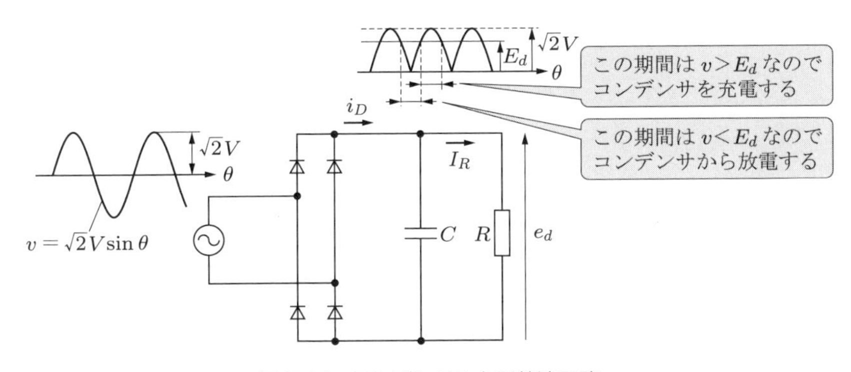

図 7.11 コンデンサ入力型整流回路

式で表すと次のようになる．

$$e_d = \frac{1}{C}\int (i_D - i_R)dt + E_d \tag{7.5}$$

e_d：直流側電圧，i_D：ダイオードの電流，i_R：抵抗の電流，E_d：直流電圧

式 (7.5) で表されるコンデンサの両端電圧は図 7.12 に示すように ΔE_d だけ変動する直流電圧になる．このとき，ΔE_d をリプル電圧という．式 (7.5) を変形すると，リプル電圧 ΔE_d は次のように表される．

$$\Delta E_d = \frac{I_R}{2fC} \tag{7.6}$$

I_R：抵抗の電流の平均値，C：静電容量，f：交流の周波数，ΔE_d：リプル電圧

この式から C が大きいほどリプル電圧は小さいことがわかる．なお直流電圧の平均値 E_d は次のように表される．

$$E_d = \sqrt{2}V - \frac{1}{2}\Delta E_d = \sqrt{2}V - \frac{I_R}{4fC} \tag{7.7}$$

C：静電容量，f：交流の周波数，$\sqrt{2}V$：交流の波高値，E_d：直流電圧の平均値

この式は出力電圧の平均値は出力電流により変化することを示している．

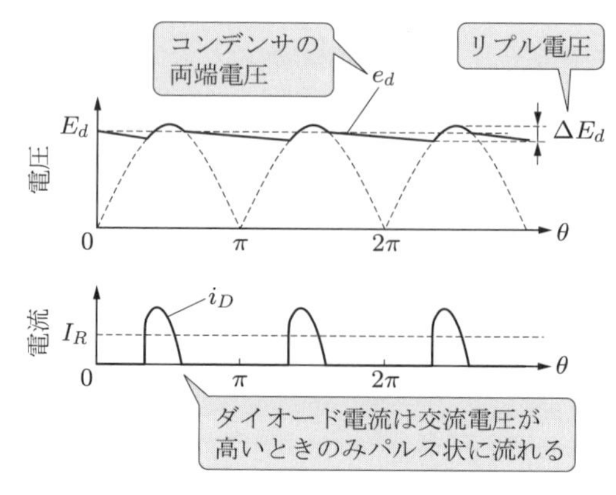

図 7.12　コンデンサ入力型整流回路の電圧と電流

全波整流回路のダイオードを流れる電流 i_D は交流電圧がコンデンサ電圧より高い期間だけ流れる．そのため，図 7.12 に示すようにパルス状になる．電流は連続するので，交流側を流れる電流も正弦波ではなく，正負のパルス状の電流となる．交流電流が正弦波でないということは入力電流に高調波を多く含むことになるので，皮相電力が大きくなる（10.3.1 項参照）．そのため，総合力率 PF（総合力率の詳しい説明については 10.4.1 項参照のこと）が低い．これがコンデンサ入力型整流回路の欠点である．

7.3.2 チョーク入力型整流回路

直流を平滑するためにインダクタンスを使う回路をチョーク入力型整流回路とよぶ．チョーク入力型整流回路を図 7.13 に示す．チョーク入力型整流回路は直流回路にインダクタンス L が接続されている．チョーク (choke) という名前の由来は回路部品としてのインダクタンスをチョークコイルとよぶことにある．

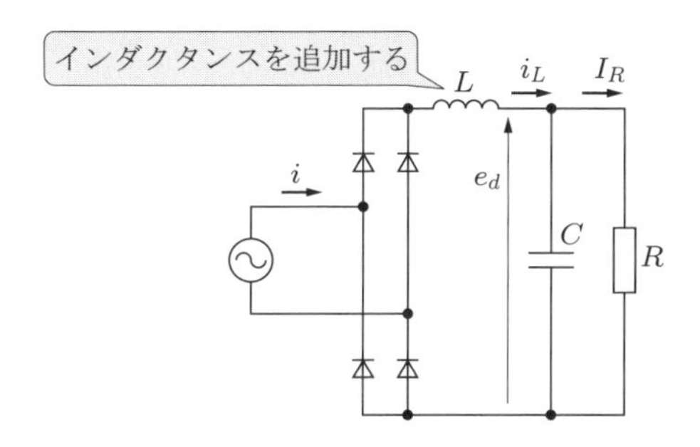

図 7.13 チョーク入力型整流回路

チョーク入力型整流回路では負荷を流れる電流 I_R がゼロのときには直流電圧が交流電圧の最大値である $\sqrt{2}V$ と等しい．しかし出力電流 I_R がわずかでも流れると急激に直流電圧が低下する．そのときの直流電圧の平均値 E_d は次のように表される．

$$E_d = \frac{2\sqrt{2}}{\pi}V - r_L I_R = 0.9V - r_L I_R \simeq 0.9V \tag{7.8}$$

（V：交流の実効値，r_L：インダクタンスの巻線抵抗，E_d：直流電圧の平均値）

インダクタンスの巻線抵抗 r_L が小さければ出力電圧はほぼ一定と考えることができる．

いま，インダクタンス L が十分大きいとすると，インダクタンスを流れる電流 i_L は出力電流 I_R とほぼ同じ波形になり，直流と考えることができる．これを図 7.14 に示す．このとき，交流の入力電流 i は振幅が I_R の矩形波となる．

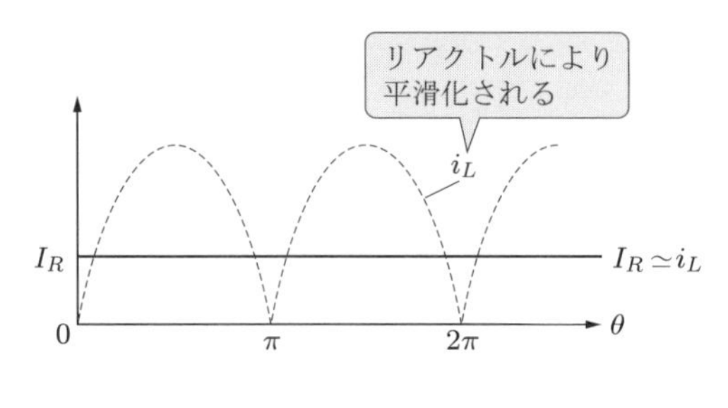

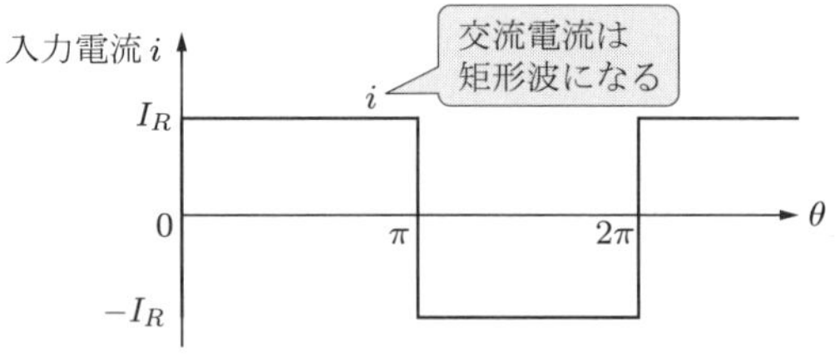

図 7.14　チョーク入力型整流回路の入力電流波形

チョーク入力型整流回路の総合力率 PF を求めてみよう．交流入力の有効電力 P は直流出力の電力と等しいので次のように表される．

$$P = E_d I_R \tag{7.9}$$

（P：交流電力，$E_d I_R$：直流電力）

ここで，直流電圧の平均値 E_d は次のように表される．

$$E_d = \frac{1}{\pi}\int_0^{\pi} \sqrt{2}V \sin\theta d\theta = \frac{2\sqrt{2}}{\pi}V \simeq 0.9V \tag{7.10}$$

（E_d：直流電圧の平均値，V：交流実効値）

また，交流入力の電流の実効値 I は次のように表される．

$$I = \sqrt{\frac{1}{\pi}\int_0^{\pi} i^2 d\theta} = i_d = I_R \tag{7.11}$$

（I：交流電流実効値，I_R：直流電流）

したがって，交流入力の皮相電力 S は $S = V \cdot I_R$ となる．以上の結果から，総合力率 PF は次のように表される．

$$PF = \frac{P}{S} = \frac{E_d I_R}{V I_R} = \frac{2\sqrt{2}}{\pi} \simeq 0.9 \tag{7.12}$$

（PF：総合力率，P：有効電力，S：皮相電力）

チョーク入力型整流回路の入力の総合力率は 0.9 という高い値である．

7.4 力率改善

コンデンサ入力型整流回路は交流電流がパルス状になり総合力率が低いという欠点がある．しかし，コンデンサを使うので回路が小型軽量にできる．そのため，コンデンサ入力型整流回路の力率を改善する工夫が行われている．

7.4.1 PWM コンバータ

インバータ回路を使った整流回路を PWM コンバータ (PWM converter) とよんでいる．単相 PWM コンバータの回路を図 7.15 に示す．PWM コンバータは全波整流回路の各ダイオードに並列に IGBT が接続される回路になっている．IGBT がなければ通常のコンデンサ入力型整流回路である．通常の整流回路の場合，交流電圧が平滑コンデンサの直流電圧より高い期間だけパルス状の電流が流れてしまう．しかし，この回路を使えば交流入力電流の波形を制御できる．

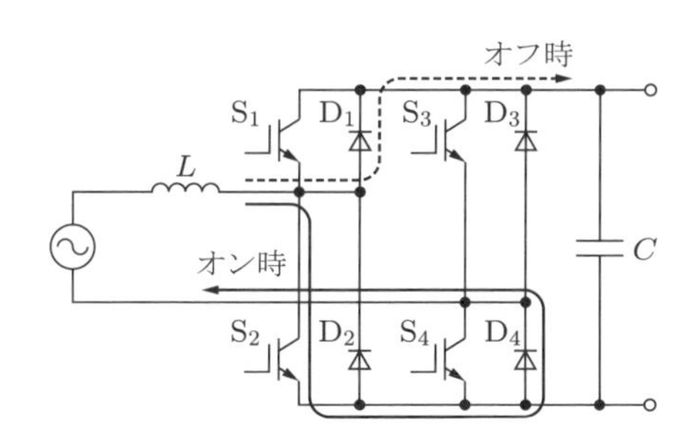

図 7.15 PWM コンバータの動作

PWM コンバータの動作原理を説明する．図のように S_2 をオンさせると，実線の矢印のように電流が流れる．電流の経路は次のようになる．

$$\text{交流電源} \quad \rightarrow \quad L \quad \rightarrow \quad \mathrm{S}_2 \quad \rightarrow \quad \mathrm{D}_4 \quad \rightarrow \quad \text{交流電源}$$

この経路をよく見ると図 3.5 と同じように昇圧チョッパの回路になっている．そのため S_2 をオフしたときにインダクタンスに蓄えられたエネルギーが点線で示すように，

$$L \quad \rightarrow \quad \mathrm{D}_1 \quad \rightarrow \quad C$$

と流れ，コンデンサを充電する．S_2 のオフ期間に負荷に電流を流している．S_2 のオンオフにより入力電流を制御できる．

PWM コンバータを用いて PWM 制御（9.2 節参照）を行い，入力電流を電圧と同

位相の正弦波に制御すれば力率が1の状態で運転できる．またPWMコンバータはインバータの回路そのものであるので図の右から左方向に電力変換することも可能である．つまり直流電力を交流電力に変換して電源に供給できる（電源回生）．PWMコンバータは単なる整流回路でなく，交流回路と直流回路の間で双方向の電力のやり取りを可能にする回路である．

7.4.2　PFC回路

PFC（Power Factor Correction，力率改善）回路は昇圧チョッパと整流回路を組み合わせて入力電流波形の制御を行う回路である．PFC回路の例を図7.16に示す．PFC回路は全波整流回路の後段の昇圧チョッパのオンオフで入力電流波形の制御を行う．三相整流回路でもスイッチングのためのパワーデバイスを一つ追加すれば実現できる（これを1石式とよぶ）．しかし，パワーデバイスのピーク電流が平均電流に比べかなり大きい．そのため，あまり大容量では使われない．さらに直流から交流への電力変換（電源回生）はできない．

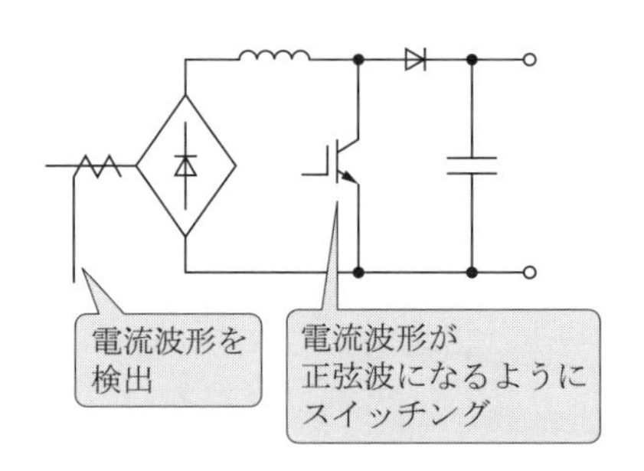

図7.16　PFC整流回路

7.4.3　同期整流回路

同期整流回路とはダイオードを用いずにパワーデバイスのスイッチングにより整流動作する回路である．PWMコンバータと同じようなはたらきをする．PWMコンバータは主として交流電流波形を正弦波に制御して力率向上することが目的である．しかし，同期整流回路は整流回路の損失を低下させるために用いられる．

ダイオードは順方向の電圧降下が大きい．そこでダイオードと同じ動作をMOS-FET，IGBTなどの電圧降下の小さいパワーデバイスで行う．同期整流回路の例を図7.17に示す．ダイオードDでは0.5Vの順方向電圧降下があるとすると，同クラスのMOSFETではその1/10の0.05Vになる．さらに，同期整流回路はオンすれば逆方向の電流を流すこともできる．負荷の急変などによる直流電圧の上昇を検出してオン

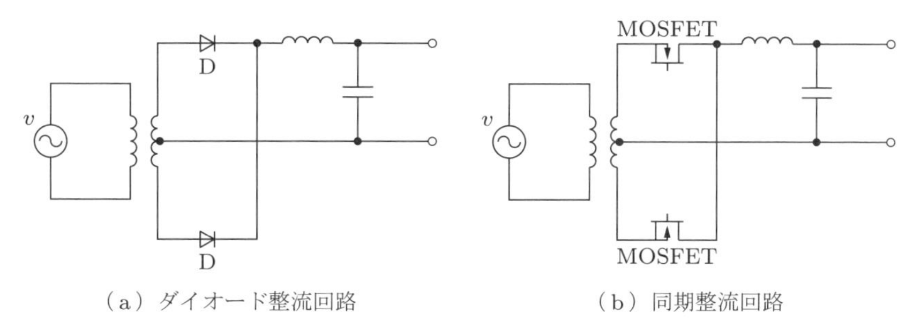

図 7.17 同期整流回路

すれば電流が逆流し，電圧上昇を防ぐこともできる．同期整流回路は低電圧大電流の用途でその特徴を生かすことができる．

7.5 整流回路による昇圧

入力の交流電圧より高い直流電圧を出力できる整流回路について述べる．

7.5.1 倍電圧整流回路

倍電圧整流回路は交流電圧の波高値の 2 倍の直流電圧が出力できる整流回路である．倍電圧整流回路を図 7.18 に示す．

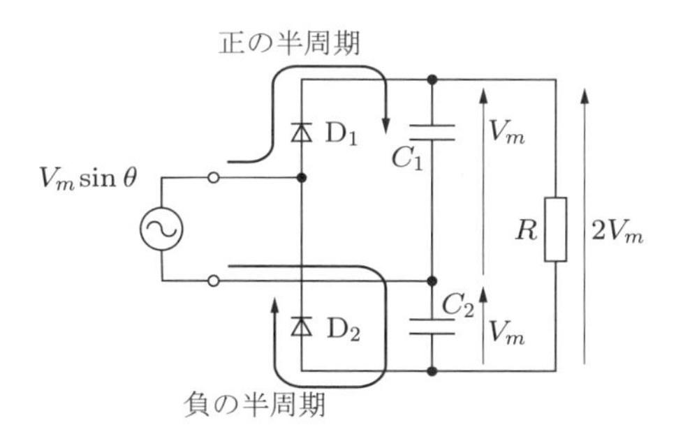

図 7.18 倍電圧整流回路

この回路の動作を説明する．交流電源の電圧が正の半周期には D_1 が導通してコンデンサ C_1 を交流電圧のピーク値 $V_m(=\sqrt{2}V)$ まで充電する．電源電圧の負の半周期には D_2 が導通してコンデンサ C_2 を交流電圧のピーク値まで充電する．C_1 と C_2 が直列になっているので交流電圧のピーク値の 2 倍の $2V_m$ の電圧を出力することになる．つまり，この回路を使えば単相交流 100 V を入力して直流 282 V が使用できるようになる．単相電源を使って三相 200 V 定格の電動機を駆動するような家電製品などの電源回路に広く使われている.

7.5.2 コッククロフト－ウォルトン回路

コッククロフト－ウォルトン回路は図 7.19 に示す半波倍電圧整流回路を利用して高電圧を得る回路である.

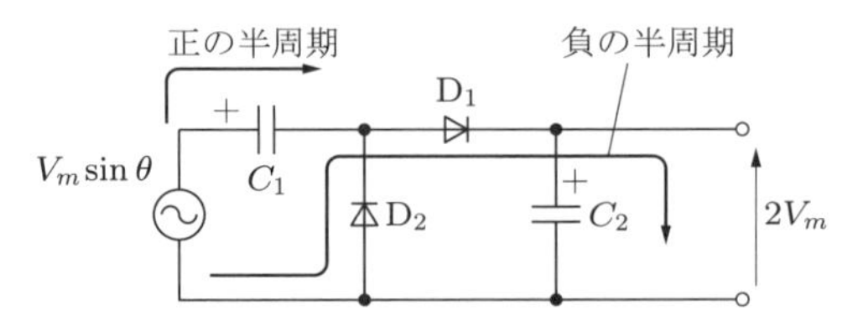

図 7.19 半波倍電圧整流回路

半波倍電圧整流回路の動作を説明する. 交流電源の電圧が正の半周期にはダイオード D_1 によってコンデンサ C_1 が交流電圧のピーク値 $V_m(=\sqrt{2}V)$ まで充電される. 電源電圧の負の半周期にはダイオード D_2 によってコンデンサ C_2 がピーク値まで充電される. 入力電位と C_1 の充電電圧が直列になるので C_2 の電圧は入力した交流電圧の波高値の 2 倍の $2V_m$ に充電される. このとき, ダイオードやコンデンサの耐電圧は入力電圧の 2 倍が必要である.

この回路を多数直列接続した回路をコッククロフト－ウォルトン回路とよぶ. 図 7.20 に示すように半波倍電圧整流回路を積み重ねることにより各素子の耐圧は 2 倍のままで高電圧を得ることができる. 図では入力する交流のピーク値の 5 倍の直流電圧が得られる回路を示している. ただし, 段数に応じて充電に必要な交流の周期が増加する. また電流を流した瞬間に電圧が低下してしまうので, パルス状の直流高電圧しか得られない. しかし入力する交流の周波数を高くすれば充電が速くなる. 出力する高電圧のパルスの繰り返しを速くすることができる. そのため専用の高周波の充電回路が使われることがある.

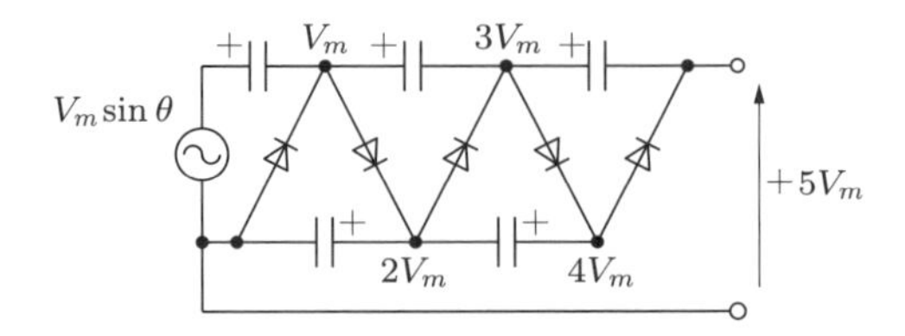

図 7.20 コッククロフト－ウォルトン回路

第7章の演習問題

7.1　問図 7.1 の回路で交流電圧 v の実効値が 100 V の正弦波交流電圧とするとき，

(1) コンデンサ C は何 V に充電されるか．

(2) ダイオード D に加わる逆電圧の最大値は何 V か．

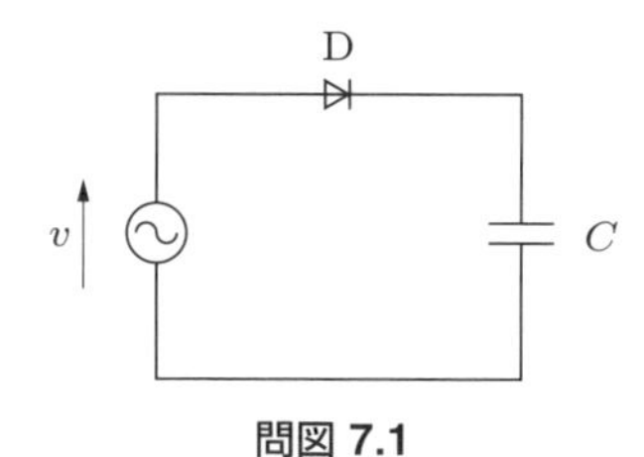

問図 7.1

7.2　本文図 7.7 の単相整流回路において交流電圧 v の実効値が 100 V の正弦波交流電圧とするとき，負荷抵抗 R が 100 Ω のとき直流側の平均電圧 E_d，平均電流 I_d，抵抗の消費電力 P_d を求めよ．

7.3　三相全波整流回路において三相交流電圧の線間電圧を $v = \sqrt{2}V \sin\theta$ としたとき，直流電圧の平均値 E_d を求めよ．

8 交流を変換する

本章では交流をいったん直流に変換することなしに，直接，他の形態の交流へ変換する交流変換について述べる．まず，サイリスタを使った交流電力調整について述べ，その後，サイクロコンバータおよびマトリクスコンバータによる周波数変換について述べる．

8.1 交流電力調整

交流電力調整とは周波数はそのまま変更せずに，交流電力のみを調整することである．そのため，サイリスタを利用して商用電源の電圧の制御に用いられる．

交流電圧を制御するためのサイリスタの動作を図 8.1 に示す．交流電圧のある位相 α ごとにゲートにパルス電流を流す．これによりサイリスタがオンする．α を点弧角という．位相制御角とよぶ場合もある．サイリスタを使用すると交流電圧をある位相区間だけ導通させることができる．

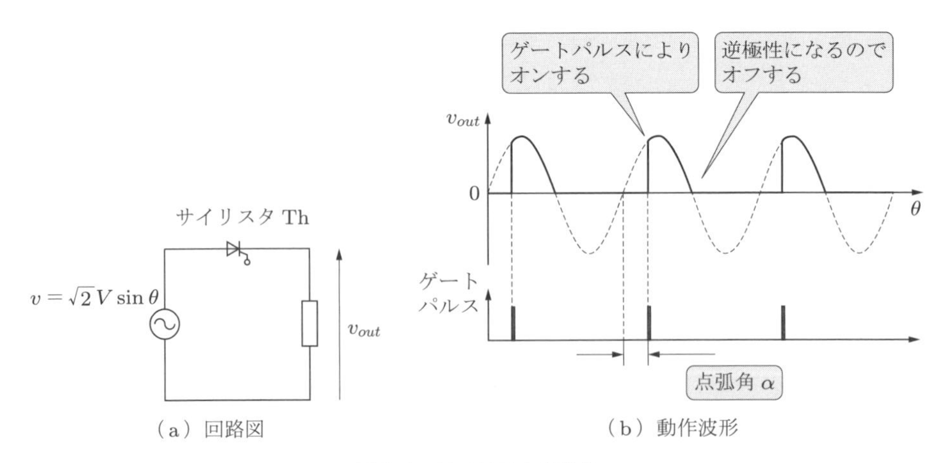

図 8.1　サイリスタの動作

サイリスタを図 8.2 に示すように逆並列に接続する．このようにすると交流電圧の正負とも制御できるようになる．このような回路は交流電力調整回路とよばれる．このとき，出力電圧 v_R の平均値 V_{ave} は電圧波形の面積である．たとえば $\alpha = 90°$ とすれば出力電圧の平均値は 1/2 となる．二つのサイリスタを用いることもできるが，

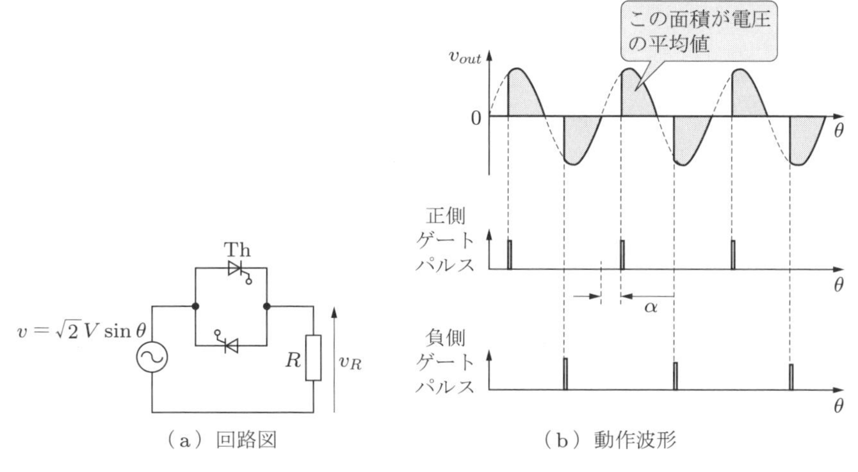

（a）回路図　（b）動作波形

図 8.2　サイリスタによる交流位相制御

二つのサイリスタを逆並列に接続し一体化した素子があり，トライアック（双方向性サイリスタ）とよばれる．

負荷に抵抗 R が接続されているとき，電源電圧が

$$v = \sqrt{2}V\sin\theta$$

であったとする．$\theta = \alpha$ の位相角で点弧した場合，負荷抵抗 R に印加される実効値 V_{eff} は次のようになる．

$$V_{eff} = V\sqrt{\frac{2(\pi-\alpha)+\sin 2\alpha}{2\pi}} \tag{8.1}$$

（α：点弧角，V：電源電圧の実効値，V_{eff}：得られる実効値）

（この式の導出については演習問題 **8.1** で行う．）

交流電力調整回路に RL 負荷が接続された回路を図 8.3 に示す．サイリスタ $\mathrm{Th_1}$ は

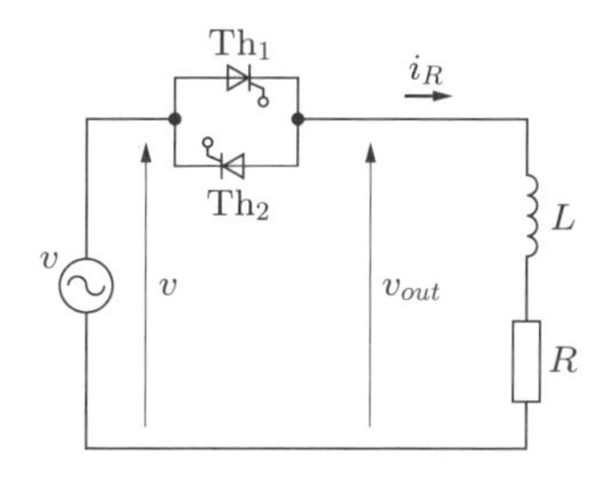

図 8.3　RL 負荷の交流電力調整回路

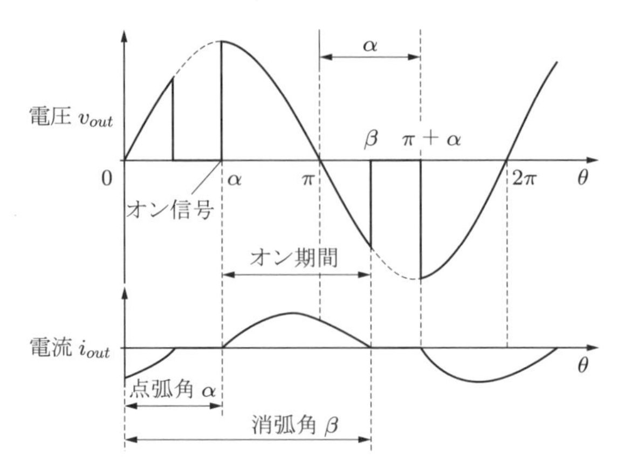

図 8.4　RL 負荷のときの動作波形

交流電圧 v が正に変化する $\theta=0$ から点弧角 α だけ遅れてオン信号を入力する．Th_2 は交流電圧 v が負になる位相から α だけ遅れてオン信号を入力する．負荷にインダクタンスがあるので，インダクタンスに蓄積されたエネルギーによりサイリスタのオン信号がなくても位相 β まではサイリスタは導通している．この β を消弧角とよぶ．このときの電圧と電流の波形を図 8.4 に示す．電流はインダクタンスによりゆっくり変化する．電流波形は点弧角 α により変化する．点弧角 α が負荷の RL 回路の力率角 ϕ と等しいとき，電流 i_R は正弦波となる．

$$\alpha=\phi=\tan^{-1}\left(\frac{\omega L}{R}\right) \tag{8.2}$$

（$\frac{\omega L}{R}$：負荷インピーダンス，ϕ：負荷の力率角，α：点弧角）

RL 負荷の場合，負荷インピーダンスの力率角 ϕ より α が小さい場合のみ電力制御が可能である．つまり，力率が低い負荷では制御範囲が狭くなる．

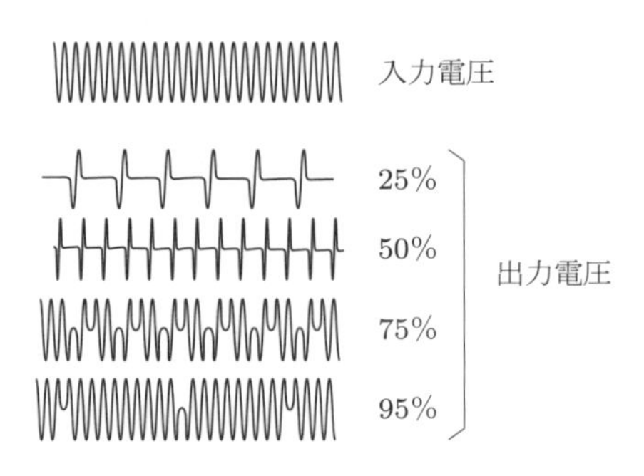

図 8.5　サイクル制御

抵抗負荷に対して，このような制御をした場合，サイリスタのオン（点弧）により負荷抵抗に急激に電流が流れることとなる．そのためノイズが発生したり，交流電源に電流を流出することになる．そこでヒーターなどの負荷の時定数が大きい場合，図 8.5 に示すように電源サイクルごとに導通，非導通を切り換える方法もとられている．これをサイクル制御とよんでいる．このとき抵抗負荷であれば負荷で消費される電力はデューティファクタに比例する．

8.2 サイクロコンバータ

サイクロコンバータ (cyclo-converter) は交流電圧を直接，別の周波数の交流電圧に変換する電力変換回路である．サイクロコンバータはこのうち，とくにサイリスタで構成した回路をさしている．サイクロコンバータは入力した交流の周波数よりも低い周波数の交流に変換する．

三相交流を周波数変換して，単相交流を出力するサイクロコンバータの動作について説明する．図 8.6 に三相－単相サイクロコンバータの回路を示す． 電流が正のときに動作するコンバータを正群コンバータ，負のときに動作するものを負群コンバータと

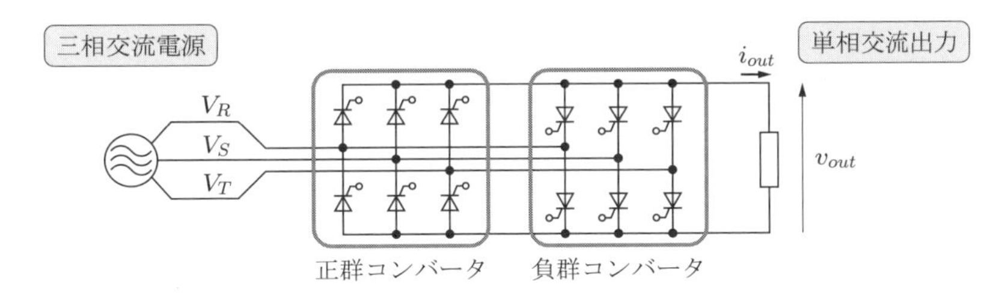

図 8.6 三相－単相サイクロコンバータ

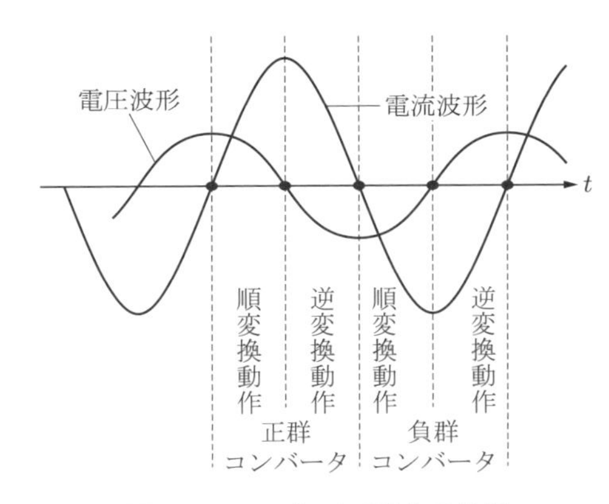

図 8.7 コンバータの動作の分担

よぶ．二つのコンバータは出力電流，電圧に応じて図8.7のように動作を分担する．電流が正のときには正群コンバータがはたらき，電流が負のときには負群コンバータがはたらく．順変換動作とは電力のフローが電源から出力に向いており，逆変換動作とは出力から電源に向いている状態をさす．このように分担したうえで，出力電圧 v_{out} の位相に応じてそのときに必要な電圧に近いものを入力電圧の六つの線間電圧のいずれか一つを選ぶ．常に導通しているサイリスタはいずれか一つである．その結果，出力電圧は図8.8に示すような波形が得られる．サイクロコンバータは入力周波数の1/3以下の周波数に変換することができる．

サイクロコンバータで三相出力を得る場合，三つの単相サイクロコンバータを図8.9のように接続する．このとき，36個のサイリスタが必要である．

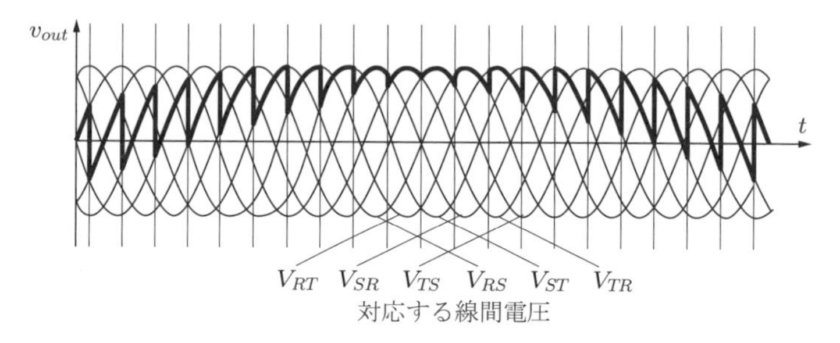

図 8.8　サイクロコンバータの出力電圧

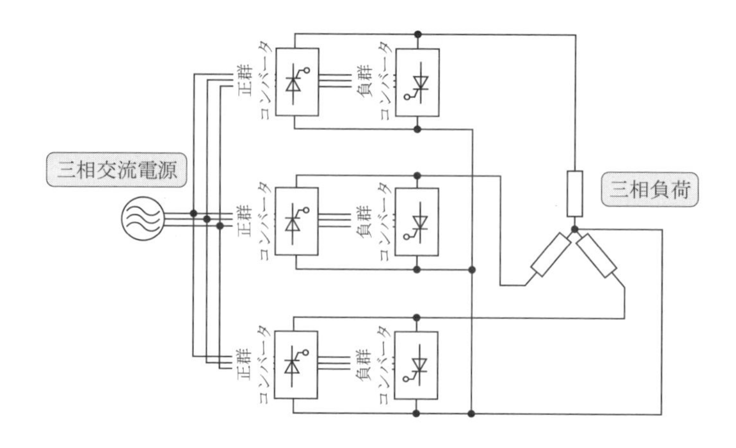

図 8.9　三相出力のサイクロコンバータ

8.3 マトリクスコンバータ

マトリクスコンバータ (matrix converter) は交流から直接，別の周波数の交流を作り出す直接電力変換を行う回路である．マトリクスコンバータの原理回路を図 8.10 に示す．三相マトリクスコンバータは 9 個のスイッチから構成される．図 8.10 の 9 個のスイッチを並べ換えると図 8.11 のようになる．スイッチが 3 行 3 列の行列（マトリクス）状に並んでいるのでマトリクスコンバータとよばれている．

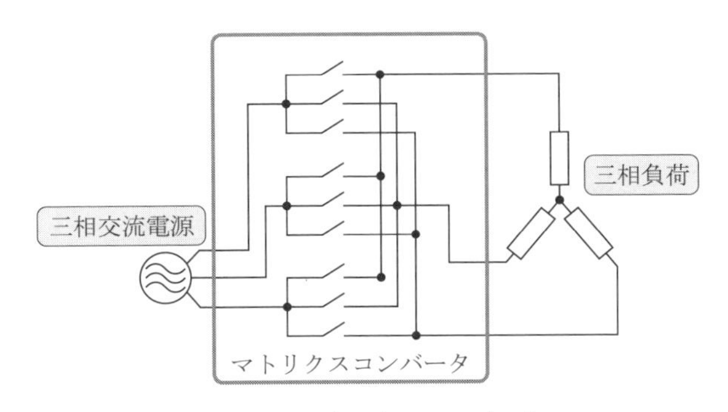

図 8.10　マトリクスコンバータ

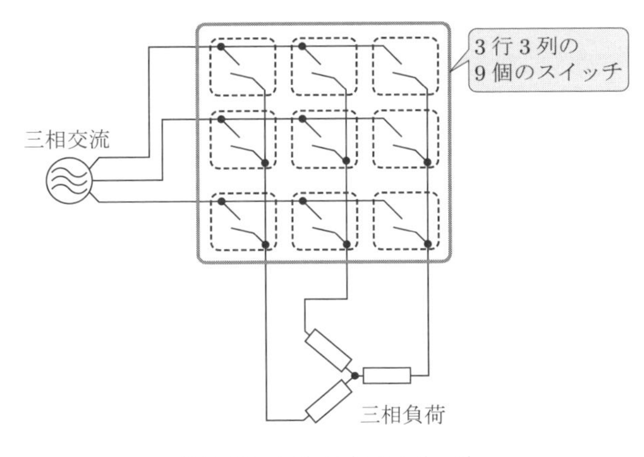

図 8.11　マトリクススイッチ

9 個のスイッチにより三相入力の各相と交流出力の各相とを接続する．これはサイクロコンバータとまったく同じ動作である．サイクロコンバータとの違いはマトリクスコンバータではサイリスタではなく双方向スイッチを用いることである．サイリスタを使ったサイクロコンバータと比べると，スイッチの数を大幅に減らすことができる．さらに双方向スイッチとして IGBT などの高速のパワーデバイスを使うことにより高速なスイッチングが可能となり，出力波形が高精度に制御できる．図 8.12 に各種

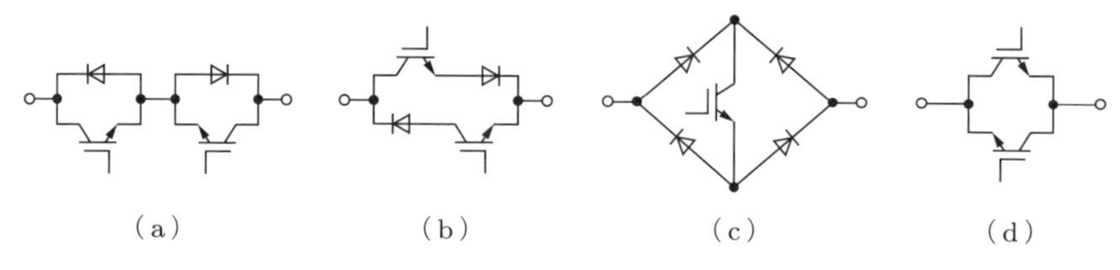

図 8.12　双方向スイッチの例

の双方向スイッチを示す．

第 8 章の演習問題

8.1　本文図 8.2 の回路において，電源電圧の実効値を V，位相制御角を α としたとき，負荷抵抗の電圧 v_R の実効値 V_{eff} を求めよ（後述の式 (10.2) を使用する）．

8.2　前問の回路で負荷抵抗 R が 20 Ω，電源電圧の実効値が 100 V，位相制御角 $\alpha = \pi/4$ のときの電圧の実効値，電流の実効値および負荷抵抗が消費する電力を求めよ．

8.3　問図 8.1 に示すサイクル制御において次の問いに答えよ．

(1) 電源電圧の実効値が 100 V，負荷抵抗が 100 Ω のとき，サイクル制御しない場合に抵抗で消費される電力を求めよ．

(2) サイクル制御を行い，$T_{ON}/T = 0.5$ としたときの出力電圧の実効値と抵抗で消費される電力を求めよ．

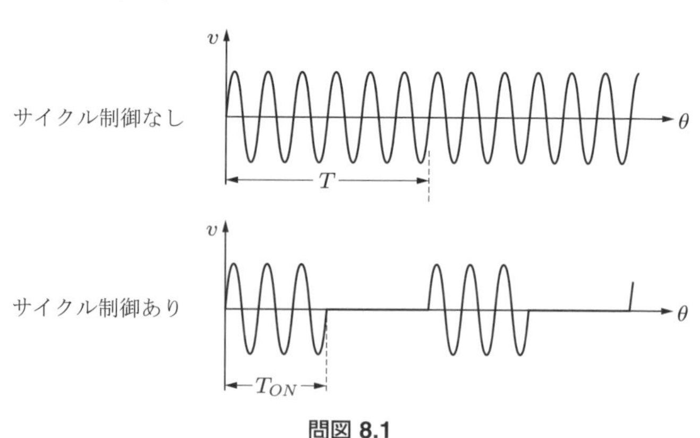

問図 8.1

9 パワーエレクトロニクスの制御

パワーエレクトロニクスはスイッチングにより電力を制御する．スイッチングのタイミングをどのように決定するかを決めるのがパワーエレクトロニクスの制御である．本章ではパワーエレクトロニクスに使われる各種の制御について述べる．

9.1 デューティファクタの制御

オン時間とオフ時間を調節してデューティファクタを制御すれば電圧や電流の平均値が制御できる．望みのデューティファクタになるようなオンオフ信号を作るしくみを説明してゆこう．

まず電子回路によってデューティファクタの信号を作る方法を説明する．そのためには二つの信号の大小を比較することを行う．図 9.1 には比較器（コンパレータ）に入力する二つの信号と出力を示している．比較器は二つの入力信号を比較し，信号の大小により出力信号が 1 または 0 に変化する．

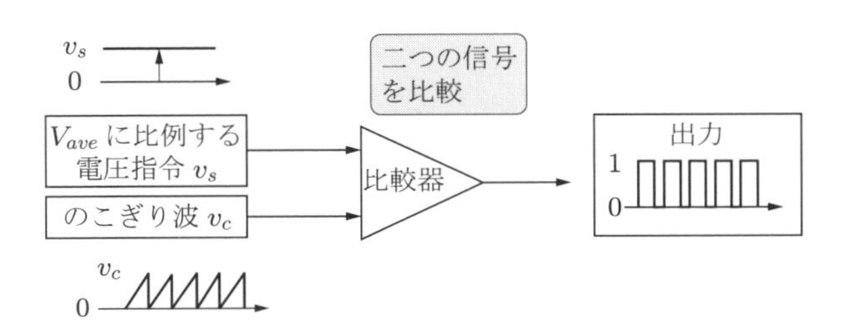

図 9.1 比較器による信号の発生

比較器の入力信号は，出力したい V_{ave} に比例する直流電圧と，のこぎり波である．このとき，直流電圧を電圧指令（voltage reference または voltage signal）v_s とよび，のこぎり波を搬送波（キャリア，carrier）v_c とよぶ．この二つの信号の大小に応じて比較器は 1 または 0 の信号を出力する．

このときの，比較器の信号の関係を詳しく書いたのが図 9.2 である．比較器の出力は $v_s \geq v_c$ のとき 1 であり，$v_s < v_c$ のとき 0 である．1 の期間が T_{ON} に相当し，0

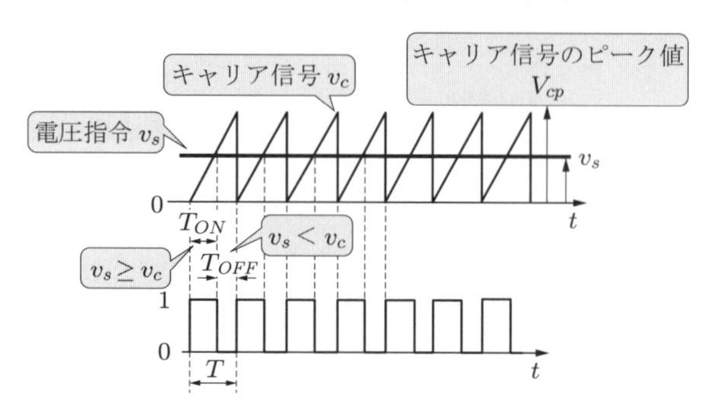

図 9.2　電圧指令とキャリア

の期間が T_{OFF} に相当する．のこぎり波の周期がスイッチング周期となる．このとき，電圧指令 v_s を変化させればデューティファクタ d を変化させることになる．電圧指令 v_s とデューティファクタ d は比例する．$v_s = 0$ のとき，$d = 0$ であり $v_s = V_{cp}$（のこぎり波のピーク値）のとき，$d = 1$ となる．

$$d = \frac{v_s}{V_{cp}} \quad \left(= \frac{T_{ON}}{T} \right) \tag{9.1}$$

電圧指令
デューティファクタ
のこぎり波のピーク値

同じような考え方でHブリッジ回路に必要な正負の信号を作ることができる．図9.3には正負の電圧を得る場合の信号の作り方を示す．図(a)はHブリッジ回路である．

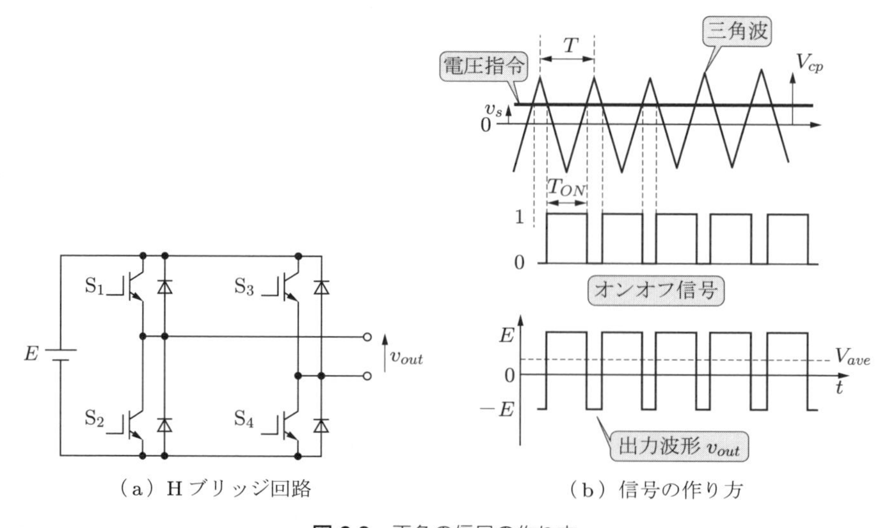

（a）Hブリッジ回路　　（b）信号の作り方

図 9.3　正負の信号の作り方

図 (b) には信号の作り方を示している．この場合，キャリア波形 v_c として $-V_{cp}$ から V_{cp} の振幅の三角波を使用する例を示している．このときも比較器の出力は $v_s \geq v_c$ のとき 1 であり，$v_s < v_c$ のとき 0 である．1 の期間は S_1，S_2 をオンし，S_3，S_4 をオフとする．0 の期間は S_1，S_2 をオフ，S_3，S_4 をオンすれば出力波形は E と $-E$ が交互に出力する．出力波形の平均値 V_{ave} は電圧指令 v_s に比例する．

この場合には電圧指令 v_s は正負の値で変化させることができる ($-V_{cp} \leq v_s \leq V_{cp}$)．出力電圧の平均値 V_{ave} は次のように表される．

$$V_{ave} = \frac{2T_{ON} - T}{T}E = (2d - 1)E \tag{9.2}$$

出力電圧の平均値
電源の直流電圧
デューティファクタ
$2d-1$ に比例する

このとき，

$$2d - 1 = \frac{v_s}{V_{cp}} = \frac{V_{ave}}{E} \tag{9.3}$$

電圧指令
出力電圧の平均値
電源の直流電圧
のこぎり波のピーク値

となる．

インバータで交流に変換する場合にも同様にデューティファクタ制御により電圧が制御できる．図 6.4 で示したフルブリッジインバータ回路において，スイッチのオンオフを交互に行わず，四つのスイッチがすべてオフの状態も選択することにする．これにより，図 9.4 に示すようにスイッチの切り換えの間にオフの時間ができる．これによりオンの時間を制御すればデューティファクタを制御することになる．デューティファクタに応じて平均電圧が調節できる．このようにすればインバータで作られた交流でも平均電圧や平均電流を望みの大きさに制御することができる．しかし，これではまだ交流出力波形は矩形波のままの電圧制御しかできていない．正弦波の交流電圧を出力し制御するために次に述べる PWM 制御を用いる．

9.2 PWM 制御

パワーエレクトロニクスの制御法として代表的なものにパルス幅を可変する PWM (Pulse Width Modulation) 制御がある†．スイッチングによりデューティファクタを

† 通信分野では信号の処理による新たな信号の合成を変調 (modulation) とよぶ．

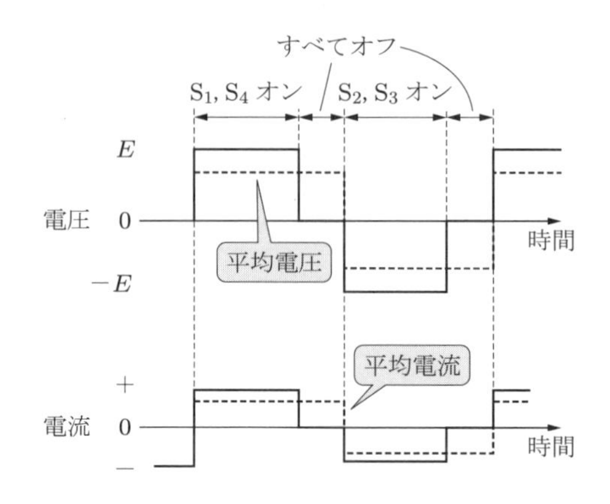

図 9.4　インバータでのデューティファクタの制御

制御するということはパルスを出力することである．デューティファクタ制御したとき，パルス波形の振幅は一定でパルス幅を制御している．デューティファクタによりあるパルス幅が決まる．一方，PWM 制御は出力波形を正弦波に近似するために，パルス幅を常に可変する制御法である．PWM 制御により，出力波形を正弦波に近似しながら，周波数，電圧または電流の大きさが制御できる．

9.2.1　正弦波への近似法

三角波をキャリア信号 v_c とし，正弦波を電圧指令 v_s とする．この二つの信号を比較してその大小に応じてパルスを出力する．これを三角波比較法とよぶ．三角波比較法の原理を図 9.5 に示す．出力したい正弦波電圧に比例した信号を

$$v_s = V_s \overbrace{\sin \omega_s t}^{\text{出力したい正弦波}} \quad (\text{電圧指令}) \tag{9.4}$$

とする．v_s が電圧指令である．一方，振幅 V_c の三角波 v_c はキャリア信号であり，変調波信号より高い周波数である．PWM 信号はこの二つの信号の交点でオンまたはオフすることにより合成される．$v_s > v_c$ のとき 1，$v_s < v_c$ のとき 0 とする．

この考え方を回路で表現するとデューティファクタ制御の場合と同じように図 9.6 に示す比較器に二つの信号を入力して大小を比較すればよい．ところがこれをソフトウェアで行おうとすると，オンオフすべき θ を直線と正弦波の交点を計算することで求めることになる．これは図 9.7 に示すように，三角波の周期ごとに

$$\underbrace{-k\theta + V_c}_{\text{三角波の振幅}} = \underbrace{V_s \sin \theta}_{\text{変調波の振幅}} \tag{9.5}$$

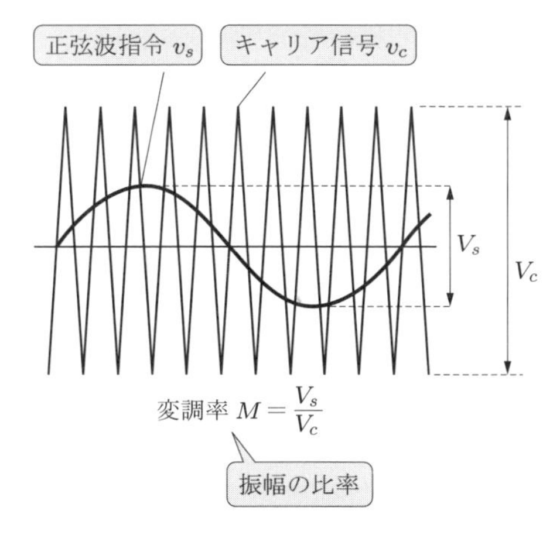

図 9.5　三角波比較法の原理

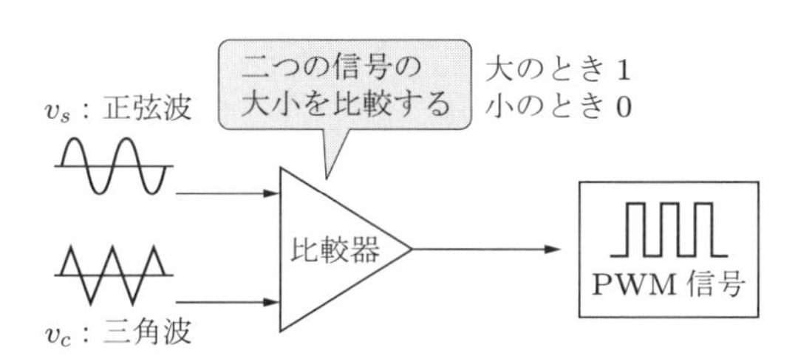

図 9.6　三角波比較法の PWM 波形の作り方

となる θ を求めることになる．この方程式は単純に見えるが非線形方程式なので解くのは難しい．そのため，PWM 制御のためにソフトウェアがいろいろ工夫されている．

図 9.5 に示した変調率 (modulation factor) M は電圧指令の信号とキャリア信号の振幅比である．

$$M = \frac{V_s}{V_c} \tag{9.6}$$

変調波の振幅（V_s）
三角波の振幅（V_c）
変調率（M）

変調率は変調度ともよばれる．電圧指令が出力したい交流であるが，これは出力する PWM 波形の基本波成分である (基本波については 10.2 節参照)．PWM 波形に含まれる交流出力の線間電圧の基本波成分の実効値は変調率に比例し，次のように表される．

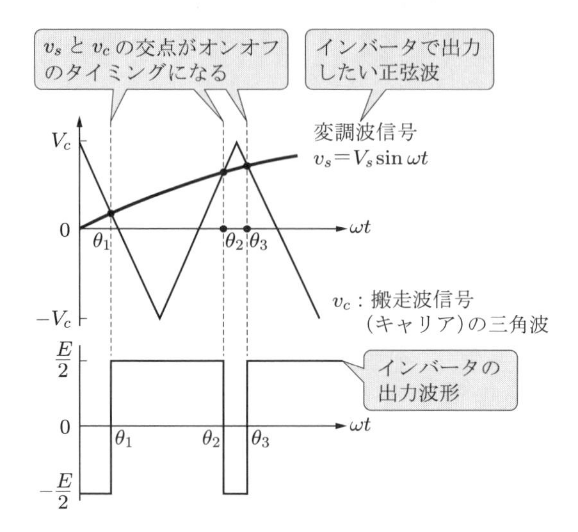

図 9.7　交点の求め方

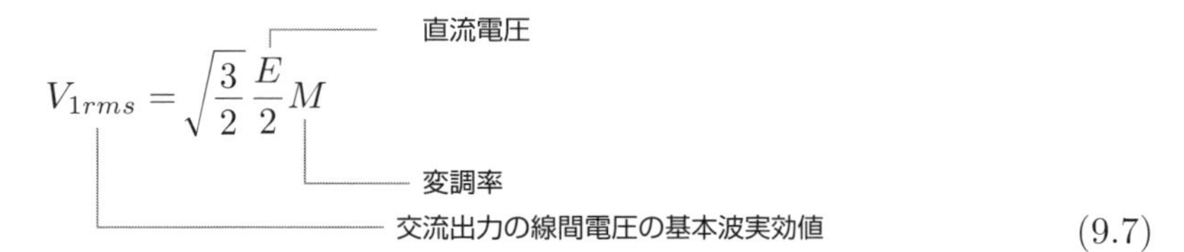

$$V_{1rms} = \sqrt{\frac{3}{2}}\frac{E}{2}M \tag{9.7}$$

電動機を駆動する場合，基本波成分が電動機のトルクと大きく関係するので変調率 M はもっとも大切な制御変数である．

電圧指令はまた変調波信号，正弦波指令，基本波指令などとよばれる場合もある．キャリア信号が三角波以外の，のこぎり波などの波形も含めて，このような PWM 制御をキャリア変調方式とよぶ．

9.2.2　三相交流の出力法

三相での三角波比較法の原理図を図 9.8 に示す．一つの三角波キャリア信号に対し，120 度の位相差を持つ三相の正弦波信号と比較する．ここではキャリア周波数が正弦波信号の 18 倍の周波数で，変調率 $M = 0.8$ の例を示している．このときの相電圧と線間電圧のスペクトル†を図 9.9 に示す．

スペクトルは振幅（波高値）で示されている．スペクトルを見ると相電圧に出力される基本波の振幅は $M \cdot (E/2)$ なので $0.4\,E$ となっている．一方，線間電圧の振幅は $0.4 \times \sqrt{3} = 0.693\,E$ である．また，キャリア周波数に相当する 18 次の高調波は 3 の

† スペクトルは日本語．英語では spectrum，複数形は spectra.

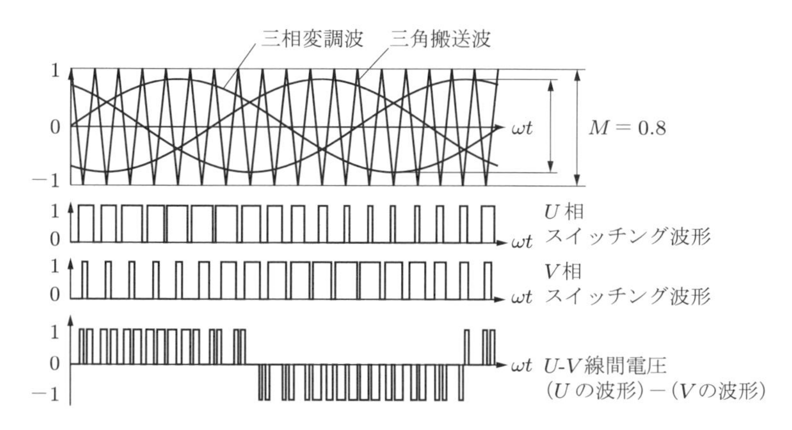

図 9.8 三角波比較法による三相 PWM

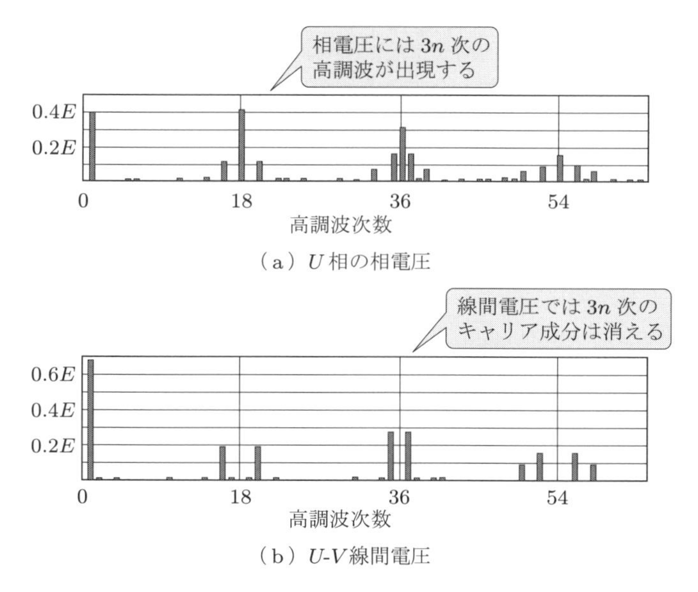

(a) U 相の相電圧

(b) U-V 線間電圧

図 9.9 出力電圧のスペクトル

倍数なので線間電圧では消滅する．しかし側帯波である 16 次と 20 次の高調波は 3 の倍数ではないので残っている．同様にキャリア周波数の整数倍である 36 次と 54 次は消えているが $3n$ 次以外の側帯波は残っている．このように三相変調では三相交流特有の現象が発生するが基本は単相変調と同じである．

三相の場合，正弦波信号の周波数 f_r とキャリア信号の周波数 f_c の比が次の関係を満たすようにすると高調波が低下する．

$$\frac{f_c}{f_r} = 3(2n-1) \tag{9.8}$$

（f_c：キャリアの周波数，3：3の倍数，f_r：正弦波の周波数）

このとき，キャリア周波数成分の高調波は $3n$ 次の高調波なので出力線間電圧に出現しない．また，周波数比を3の倍数にしないと三相とも同一のPWM波形にならない．さらに周波数比を奇数にすることにより出力線間電圧に偶数次の高調波が出現しなくなる．

さらに三相の正弦波信号は三相の対称性 $(v_U + v_V = -v_W)$ を利用すれば二相分のみの信号でオンオフ信号を作り出すことが可能である．

9.2.3　そのほかのPWM制御法

このほかにもさまざまなPWM制御法がある．このうち，追従制御について述べる．追従制御法はヒステリシス制御法 (hysteresis control) ともよばれる．原理を図9.10に示す．出力している交流の波形をフィードバックし，出力すべき正弦波と実際の波形を比較して制御する方式である．指令値 i^* に対し実際の電流値 i がヒステリシス幅 $\pm\Delta i$ を超えるとオンまたはオフが行われる．$\pm\Delta i$ を不感帯，ヒステリシス幅などとよぶ．

追従制御の考え方を回路にしたものを図9.11に示す．指令値とフィードバック値をヒステリシスコンパレータ (hysteresis comparator) で比較し，オンオフ信号を出力する．追従制御は瞬時に制御できるので瞬時値制御ともよばれる．通常は電流制御に使われるが，電圧，磁束などを指令値にすることも可能である．

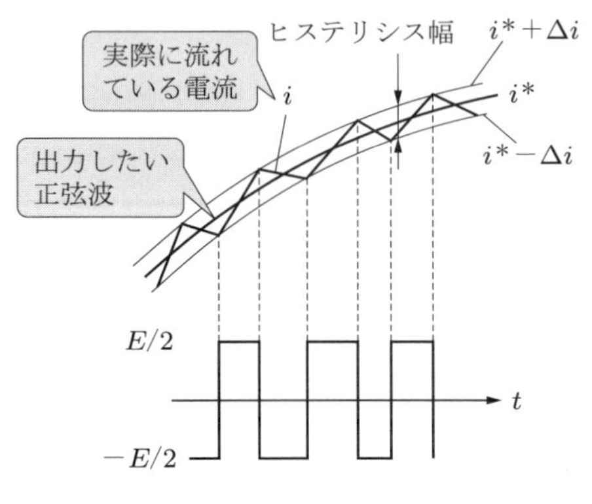

図 9.10　追従制御 PWM

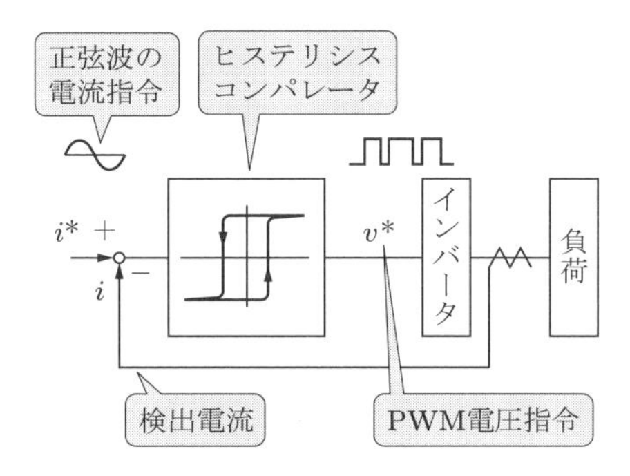

図 9.11 追従制御の原理

9.3 ローパスフィルタ

PWM 制御により出力電圧を正弦波に近似できる．しかし，波形はスイッチングにより制御しており，出力できるのは純粋な正弦波ではなくパルス列である．このような出力波形はひずみがある波形という．ひずみがあるというのは正弦波がゆがんでいることを示している．ひずみとは必要とする正弦波にその整数倍の周波数を持つ正弦波（高調波）が重畳していることである（次章でフーリエ級数展開により高調波を含むことを明らかにする）．この高調波を除去することができれば正弦波だけを取り出すことができる．

そのためにフィルタを用いる．フィルタにより不要な周波数成分が除去される．図 9.12 にローパスフィルタ (LPF : Low Pass Filter) の原理を示す．コンデンサのインピーダンスは $Z = 1/j\omega C$ なので周波数が高くなるほどインピーダンスが低く，低周波数ではインピーダンスが高い．コンデンサは直流を含む低い周波数は遮断し，高周波成分のみを通過させる効果がある．一方，インダクタンスは $Z = j\omega L$ なので低周波ではインピーダンスが低く，高周波ではインピーダンスが高い．したがって，高周波成分を遮断し，低周波成分のみ通過させる．このように高周波成分を遮断して低周波のみ通過させるフィルタをローパスフィルタという．ローパスフィルタによって高調波が遮断され，信号波である正弦波だけを出力することができる．

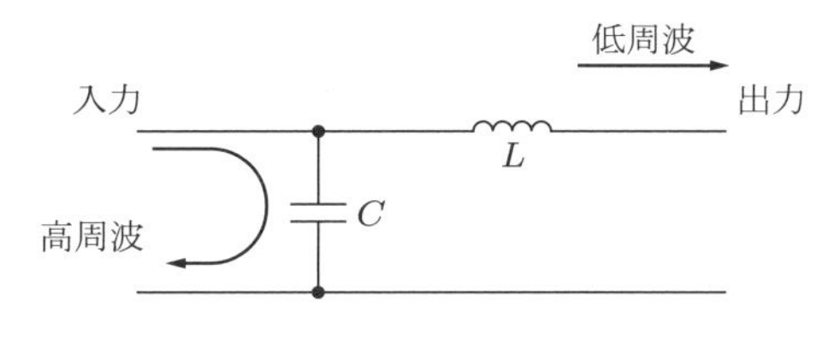

図 9.12 ローパスフィルタの原理

9.4 電流制御と電動機制御

ここまで主にパワーエレクトロニクス回路の出力電圧を制御することについて説明してきた．出力電圧を制御することはパワーエレクトロニクス回路を電圧源とすることである．しかし電圧を制御するようなパワーエレクトロニクス回路でも電流制御が可能である．ここでは電圧源による電流制御について述べる．電動機を制御する場合，電動機のトルクは電流に比例するので電流制御が必要となる．

9.4.1 電流制御

電圧源とは定電圧を出力する電源である．電圧源を使うと電流は負荷により変化する．一方，電流源は負荷に関わらず定電流を出力する電源である．電流制御とはパワーエレクトロニクスの制御により電流源を作り出すことである．

電圧源による電流制御を図 9.13 に示す．このシステムへの制御指令 i^* は電流指令である．パワーエレクトロニクスで電力変換して負荷に流れている電流 i を検出するための電流センサを設ける．電流信号をフィードバックして，電流の指令値と実際の電流を比較する．具体的には電流偏差 Δi を求める．電流の偏差が実際の電流制御の指令となる．電流制御指令 Δi を電圧指令 v^* に換算し，電流の大小に応じて出力電圧を調節する．このような制御を行うと見かけ上，電流を制御していることになる．

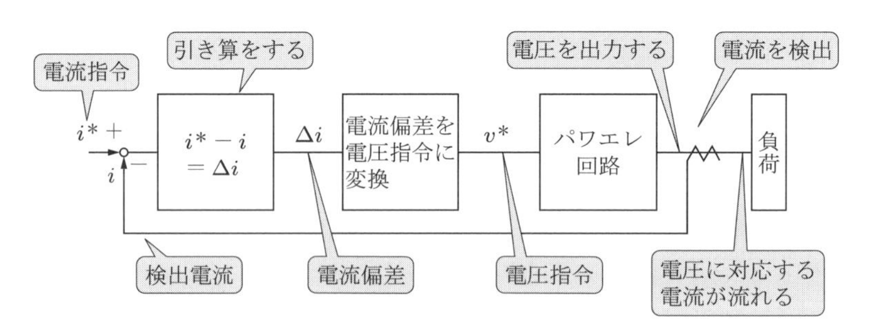

図 9.13　電流制御ループ

このような制御ループを電流ループとよぶ．一般に電流ループは非常に高速に制御されるので，低速な制御ループの内側に配置される．そこで電流のマイナーループとよぶ場合もある．電流ループの役割は出力すべき電流になるように高速に制御することにある．

このとき，電流指令として正弦波を用いることができる．すると電流ループにより負荷に流れる電流が望みの値の正弦波に近づくように制御することになる．電流を PWM 制御する場合，電流制御ループはスイッチングしている PWM パルスの幅のそれぞれを時々刻々と調節する．すなわちスイッチング周波数で電流が制御される．したがってパワー半導体デバイスの速度が十分速くないと電流制御の精度を高くできない．正弦波電流の制御を行う場合，PI 制御（積分制御）を行って安定に制御する．

9.4.2 電動機の精密な制御

電動機を精密に制御するということは電動機の運動を制御することになる．運動制御の基本的な考え方を図 9.14 に示す．運動制御は位置の微分は速度であり ($v = dx/dt$)，速度の微分が加速度である ($\alpha = dv/dt$) という運動方程式を用いる．加速度とは力を表している ($f = m\alpha$)．回転運動の場合，位置は回転角度 θ である．回転速度は角速度 ($\omega = d\theta/dt$) である．回転運動の力に相当するのがトルク ($T = d\omega/dt$) である．

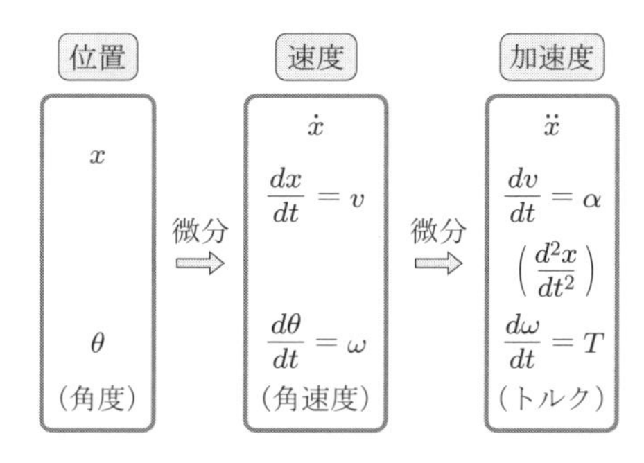

図 9.14 位置，速度，加速度

パワーエレクトロニクスで電動機を制御して負荷の運動を制御する場合について説明する．いま電動機が永久磁石式他励直流電動機とすると，トルクは電流に比例する ($T = k_T I$)．トルクを制御するには電動機に流れる電流を制御すればよい．

図 9.15 に電動機システムの制御系を示す．位置制御器，速度制御器，電流制御器により構成されている．電動機の回転信号を積分して位置制御器にフィードバックしている．これを位置制御ループという．その内側には電動機の回転信号をそのままフィードバックする速度制御ループがある．もっとも内側には電流をフィードバックする電流制御ループがある．ここで電動機の誘導起電力のフィードバックがあるように見えるが，これは制御ループではなく，電流制御器により決まる出力電圧と誘導起電力の偏差が出力電流となることを表している．

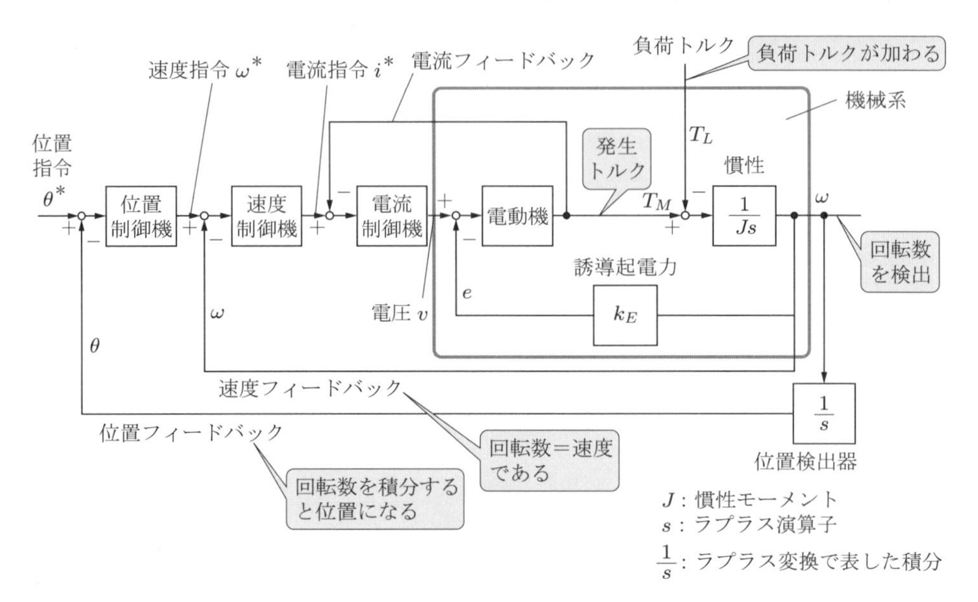

図 9.15　電動機システムの制御

第9章の演習問題

9.1　単相インバータを正弦波 PWM 制御により出力波形を作成する．三角波のキャリアとして 1 kHz を使う．出力周波数が 5 Hz のときの半周期のパルス数はいくつか．また 100 Hz のときはいくつか．

9.2　直流電源電圧が 280 V の三相 PWM インバータで周波数 30 Hz，出力線間電圧の基本波実効値が 100 V となるように出力するとき，変調率はいくらか．

9.3　本文図 9.8 に示す三相 PWM 制御において，式 (9.8) に示すようにキャリア周波数 f_c と正弦波の周波数 f_r の比を 3 の奇数倍にすると，インバータの相電圧 v_{VO}，v_{UO} には f_c の成分が含まれているが，出力の線間電圧 v_{UV} には f_c の成分が含まれないことを示せ．

10 パワーエレクトロニクスの電気回路理論

パワーエレクトロニクスでは直流と交流が同一の回路に混在する．そのため一つの回路でも目的に応じて直流回路理論または交流回路理論を適用して解析する．さらにパワーエレクトロニクス機器の出力する波形は矩形波やPWM波形であり正弦波でない．正弦波を扱う交流理論がそのまま使えない場合もある．

しかしパワーエレクトロニクスの回路を考えるためのすべての基本は直流も交流も含めた電気回路理論である．パワーエレクトロニクス特有の回路や現象についてはすべて電磁気学と電気回路理論を用いて説明することができる．そこで，本章ではパワーエレクトロニクスに関係する回路現象を取り上げ，電気回路の理論により説明し，その実際の取扱いについて述べる．

10.1 平均値と実効値

交流回路理論で正弦波交流の実効値，波高値などを学んだ．パワーエレクトロニクスでは正弦波でない波形を扱うことが多いので，あらためて説明する．ここでは正弦波の場合も含めて説明する．

10.1.1 正弦波交流の場合

正弦波交流を数値で表す場合には波高値（最大値）と実効値が異なる．図10.1に示す正弦波交流電流において波高値は実効値の $\sqrt{2}$ 倍である．交流電流は大きさが常に変化しているので時間の関数として瞬時値 $i(t)$ として表す．瞬時値 $i(t)$ はたまたまその瞬時の値を示しているので，その電流の実際の大きさはわからない．交流電流の大

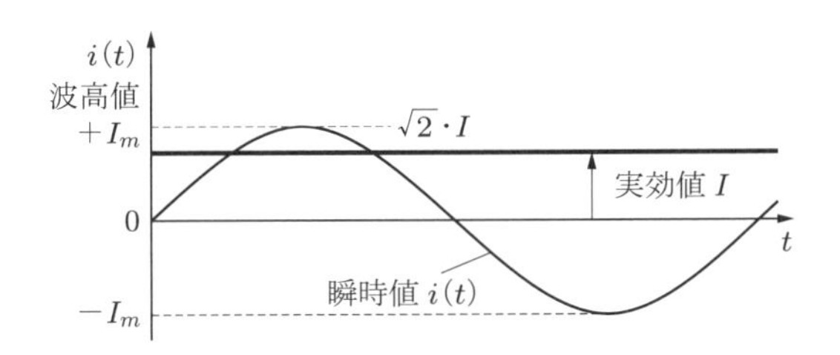

図 10.1 正弦波交流電流の波形

きさは直流電流と同じはたらきをする電流と対応して示される．同じ値の抵抗 R に直流電流 I [A] と交流電流 $i(t)$ [A] を流したとき，抵抗で発生する熱エネルギーが等しければ，交流電流は直流電流と同じはたらきをしたことになる．このときの直流電流の大きさ I を交流電流の実効値という．

正弦波交流電流の実効値 I，電圧の実効値 V と，波高値 V_m，I_m には次の関係がある．

電流の実効値
電流の波高値

$$\left.\begin{aligned} I &= \frac{I_m}{\sqrt{2}} = 0.707 I_m \\ V &= \frac{V_m}{\sqrt{2}} = 0.707 V_m \end{aligned}\right\} \tag{10.1}$$

電圧の波高値
電圧の実効値

実効値は実際にエネルギーとしてはたらく交流電流，交流電圧の大きさを示す．実効値電圧 V_{eff} は次のように定義される．ここで電圧波形は時間の関数 $v(t)$ で表され，周期 T であるとする．

$$V_{eff} = \sqrt{\frac{1}{T}\int_0^T \{v(t)\}^2 dt} \tag{10.2}$$

波形を2乗
1周期で定積分
周期
実効値

である．なお，平均値 V_{ave} の定義は

1周期で定積分

$$V_{ave} = \frac{1}{T}\int_0^T v(t)dt \tag{10.3}$$

周期
平均値

である．

10.1.2　正弦波でない交流波形の場合

正弦波でない場合も式(10.2)，(10.3)で実効値，平均値を求めることができる．いま，電圧を例にして図10.2の波形の平均値 V_{ave} を求めてみる．なお電流の場合も I を V に変更すれば同じ式で表すことができる．

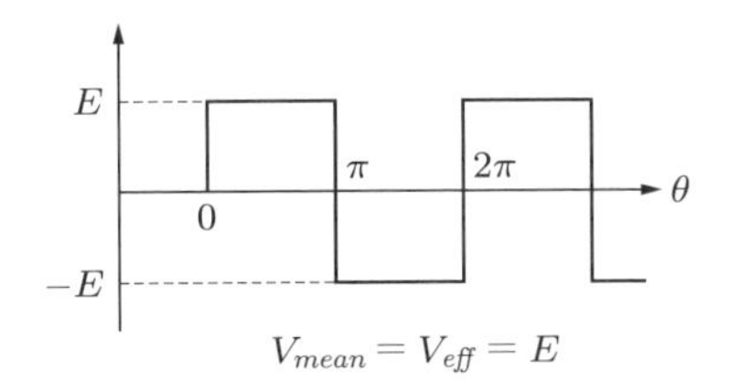

図 10.2 180 度導通波形の平均値

$$V_{ave} = \frac{1}{T}\int_0^T v(t)dt = \frac{1}{2\pi}\left\{\int_0^{\pi} Ed\theta + \int_{\pi}^{2\pi}(-E)d\theta\right\} = 0 \tag{10.4}$$

次の半周期は $-E$
半周期では E
周期は 2π
正弦波でない波形

となり，1 周期の平均はゼロとなってしまう．このような場合，1/2 周期の波形を考えた半周期平均値が使われる．半周期平均値を V_{mean} で表すことにする．このとき，V_{mean} は

$$V_{mean} = \frac{2}{T}\int_0^{T/2} v(t)dt = \frac{1}{\pi}\int_0^{\pi} Ed\theta = E \tag{10.5}$$

1/2 周期
波形は半周期では常に E
半周期平均値

となり，半周期の波形の囲む面積となる．一方，実効値は

$$V_{eff} = \sqrt{\frac{1}{T}\int_0^T v(t)^2 dt} = \sqrt{\frac{1}{2\pi}\int_0^{2\pi} E^2 d\theta} = E \tag{10.6}$$

2 乗するので一定値となる
実効値の定義
実効値

となり，この波形の場合，半周期平均値 V_{mean} と実効値 V_{eff} は等しい．

一方，図 10.3 で表される波形の場合，1 周期の平均値 V_{ave} は

平均値

$$\begin{aligned} V_{ave} &= \frac{1}{T}\int_0^T v(t)dt \\ &= \frac{1}{2\pi}\left\{\int_{\pi/6}^{5\pi/6} Ed\theta + \int_{7\pi/6}^{11\pi/6}(-E)d\theta\right\} = 0 \end{aligned} \tag{10.7}$$

ゼロでない区間だけ積分

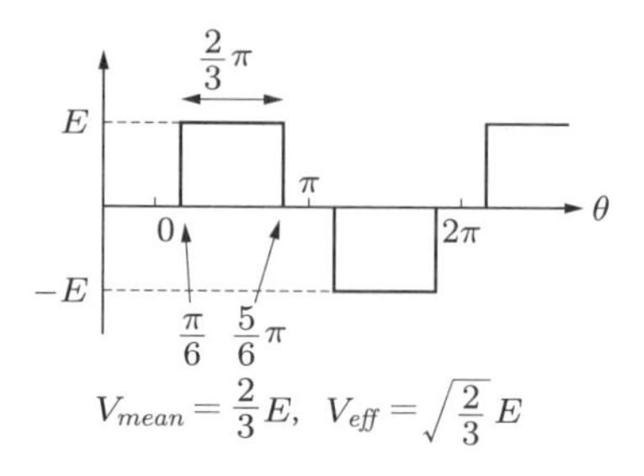

図 10.3　120 度導通波形の実効値と平均値

となりやはりゼロである．しかし，半周期平均値 V_{mean} は半周期の波形の囲む面積なので，

$$V_{mean} = \frac{2}{T}\int_0^{T/2} v(t)dt = \frac{1}{\pi}\int_{\pi/6}^{5\pi/6} Ed\theta = \frac{2}{3}E \tag{10.8}$$

ゼロでない区間だけ積分
半周期平均値

となる．一方，実効値 V_{eff} は

$$\begin{aligned} V_{eff} &= \sqrt{\frac{1}{T}\int_0^{T} v(t)^2 dt} \\ &= \sqrt{\frac{1}{2\pi}\left\{\int_{\pi/6}^{5\pi/6} E^2 d\theta + \int_{7\pi/6}^{11\pi/6} E^2 d\theta\right\}} = \sqrt{\frac{2}{3}}E \end{aligned} \tag{10.9}$$

実効値
ゼロでない区間だけ積分

となる．この場合，実効値 V_{eff} と半周期平均値 V_{mean} とは異なる値となる．このように正弦波でない場合，実効値，平均値などの値は波形によって異なる．なお電流についてもまったく同じように求めることができる．

10.2　フーリエ級数による表示

パワーエレクトロニクスではスイッチングにより電力を変換する．そのため電圧，電流の波形はオンオフを基本とした波形であり，正弦波ではないさまざまな波形となる．このような波形に含まれる正弦波以外の成分をひずみという．図 10.4 に示す矩形波は正弦波とひずみの合成したものと考えることができる．このようにひずみを含んだ交流波形の電圧，電流の取扱いについて述べる．

ひずみ波形はフーリエ級数 (Fourier series) を用いて表示する．フーリエ級数を使

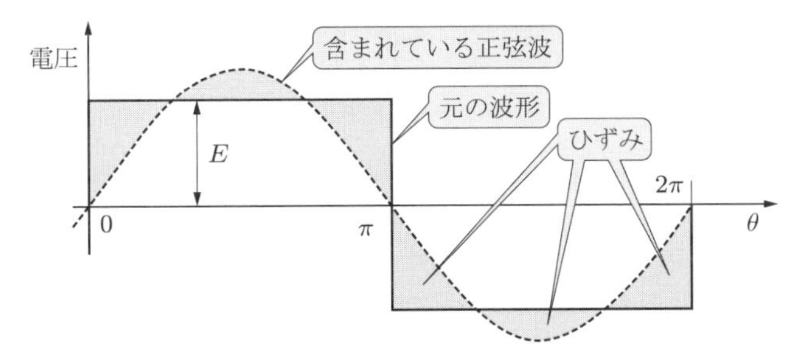

図 10.4 矩形波に含まれるひずみ

うと電圧を次のように表すことができる.

$$
\begin{aligned}
v(t) &= a_0 + \sum_{n=1}^{\infty}(a_n \cos n\omega t + b_n \sin n\omega t) \\
&= a_0 + \sum_{n=1}^{\infty} \sqrt{{a_n}^2 + {b_n}^2}\ \sin(n\omega t + \theta_n) \\
&= V_0 + \sum_{n=1}^{\infty} \sqrt{2} V_n \sin(n\omega t + \theta_n)
\end{aligned}
\tag{10.10}
$$

ひずみ波形
フーリエ係数
n 次の実効値電圧成分
n 次成分の位相
交流分
直流分

ここで, V_0 は交流電圧に含まれる直流成分である. また周波数が n 倍の正弦波である n 次の成分の電圧の実効値は $V_n = \sqrt{{a_n}^2 + {b_n}^2}/\sqrt{2}$ と表され, n 次の電圧成分のそれぞれの位相は $\theta_n = \tan^{-1}(a_n/b_n)$ と表されることになる.

同様に電流も次のように表すことができる.

$$
i(t) = I_0 + \sum_{n=1}^{\infty} \sqrt{2} I_n \sin(n\omega t + \theta_n - \phi_n)
\tag{10.11}
$$

n 次の実効値電流成分
n 次成分電流の位相
n 次成分の力率角
交流分
直流分
ひずみ波形

電圧や電流をフーリエ級数表示したとき, $n = 1$ の成分を基本波 (fundamental component), $n \geq 2$ の成分を高調波 (harmonic component) とよぶ. またそれぞれの周波数成分ごとの電流と電圧には位相差 θ_n がある.

ひずみ波形の実効値は定義に基づき, 波形を定積分すれば求めることができる. しかし，フーリエ級数で表したときには各周波数成分の実効値を用いて次のように表すことができる．

$$V_{rms} = \sqrt{\frac{1}{T}\int_0^T v(t)^2 dt} = \sqrt{{V_0}^2 + \sum_{n=1}^{\infty} {V_n}^2} = \sqrt{{V_0}^2 + {V_1}^2 + {V_2}^2 + \cdots} \tag{10.12}$$

ひずみ波形の実効値

各次数の実効値の平方和

$$I_{rms} = \sqrt{\frac{1}{T}\int_0^T i(t)^2 dt} = \sqrt{{I_0}^2 + \sum_{n=1}^{\infty} {I_n}^2} = \sqrt{{I_0}^2 + {I_1}^2 + {I_2}^2 + \cdots} \tag{10.13}$$

すなわち，ここで示した実効値 V_{rms}, I_{rms} はフーリエ級数の各次数成分の 2 乗平均平方和 (rms 和: root mean square) である．この式の意味するところは，ひずみ波形の実効値には高調波のすべての成分が含まれていることである．

フーリエ級数を用いると図 10.5 に示すように元の波形が近似できる．表現したい元

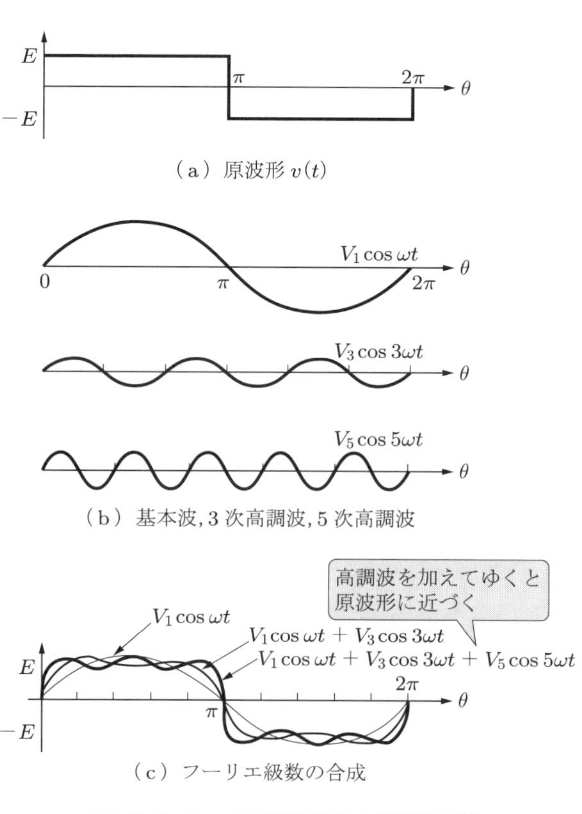

（a）原波形 $v(t)$

（b）基本波，3 次高調波，5 次高調波

（c）フーリエ級数の合成

図 10.5　フーリエ級数による波形の近似

の波形は図 (a) に示すような，区間 $(0, \pi)$ で $+1$，$(\pi, 2\pi)$ で -1 になる矩形波 $v(t)$ とする．これに図 (b) に示す基本波 $V_1 \cos \omega t$ および 3 倍，5 倍の周波数成分の波形を，時刻 $t = 0$ で 0 V になるように一致させて重ね合わせる．この三つを合成した図 (c) の波形を見ると，元の波形にかなり近いものが得られる．これを 7 倍，9 倍，$\cdots$ と無限に行えば元の波形に一致する．ここで 3 倍，5 倍の周波数を持つ成分を 3 次，5 次の高調波とよぶ．

フーリエ級数を視覚的に表現したものがスペクトル (spectrum) である．図 10.6(a) には横軸が時間の時間波形を示す．また図 (b) には横軸を周波数として各周波数成分の大きさをプロットしたスペクトルを示す．図の波形では比較的低周波の 3ω，5ω と $(n \pm 1)\omega$ で示された高周波の成分が大きいことがわかる．このようにスペクトルを用いると視覚的，直感的に高調波と基本波の関係がわかる．

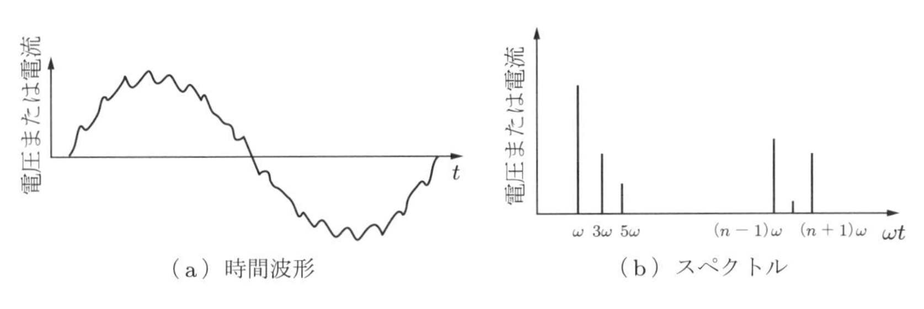

図 10.6 スペクトルの例

10.3 電力

ここでは交流の電力について，まず正弦波交流の場合を復習したうえで，ひずみ波の電力について述べる．

10.3.1 正弦波交流の電力

電力とは負荷により消費される電力である．一般に次のように表される．

(10.14)

ここで p は負荷により消費されるある時刻における瞬時の電力，v は負荷の電圧の瞬時値，i は負荷電流の瞬時値である．このとき p を瞬時電力という．図 10.7 に示す瞬時電力波形を見ると交流周波数の 2 倍の周期で変動していることがわかる．また，瞬

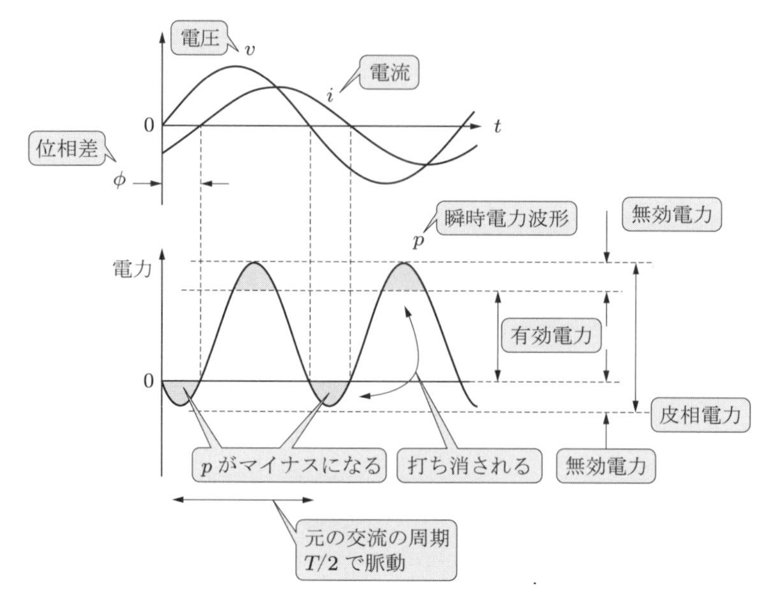

図 10.7　交流電力

時電力が負になる期間がある．これを瞬時電力から差し引いたものが実際に使える電力である．

交流の場合，電圧と電流に位相差があるので瞬時電力の概念に加え，負荷に消費される有効電力 P（active power，単位は W）を考える．さらに負荷で消費されない無効電力 Q（reactive power，単位は var†）という考えが必要である．有効電力 P は $P = \dfrac{1}{T}\displaystyle\int_0^T p(t)dt$ である．電圧と電流に ϕ の位相差があった場合，有効電力は次のようになる．

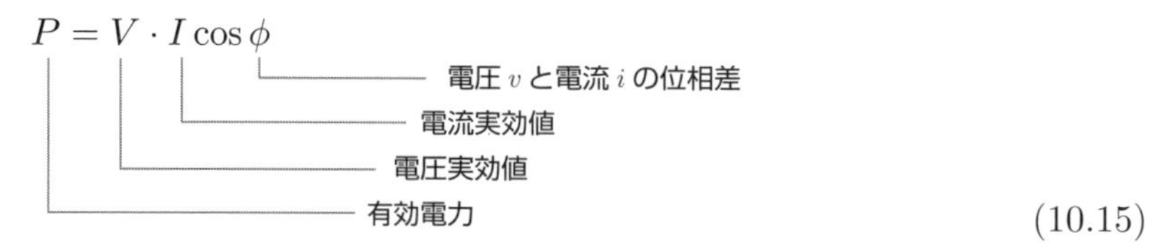

(10.15)

このとき電圧実効値 V と電流実効値 I の積 $VI = S$ を皮相電力（apparent power，単位は[VA]）という．正弦波交流の場合，$\cos\phi$ は力率とよばれる．力率は皮相電力のうちの有効電力の割合を示している．ϕ は力率角とよばれる．また，$I\cos\phi$ を電流の有効分といい，電圧 v と同相である．$I\sin\phi$ は電流の無効分とよばれる．

インダクタンスやキャパシタンスは電力を消費しないがエネルギーを蓄積し，放出する．このとき，インダクタンス，キャパシタンスは電源とエネルギーを授受するこ

† 無効電力の単位 [var] は volt ampere reactive の頭文字である．バールと読む．

となる．インダクタンス，キャパシタンスが電源と授受する電力は無効電力 Q であり，次のように表される．

$$Q = V \cdot I \sin\phi \tag{10.16}$$

力率角

無効電力 [var]

皮相電力 S，有効電力 P および無効電力 Q には次の関係がある．

$$S = \sqrt{P^2 + Q^2} \tag{10.17}$$

無効電力 [var]

有効電力 [W]

皮相電力 [VA]

10.3.2 ひずみを含む交流波形の電力

ひずみのある電圧を負荷に印加するとその結果流れる電流にもひずみが生じる．このとき電圧電流とも式 (10.10) および式 (10.11) に示したフーリエ級数で表されるとする．このとき，有効電力 P は次のようになる．

有効電力

$$\begin{aligned} P &= \frac{1}{T}\int_0^T p(t)dt = \frac{1}{T}\int_0^T v(t)\cdot i(t)dt \\ &= V_0 I_0 + V_1 I_1 \cos\phi_1 + V_2 I_2 \cos\phi_2 + \cdots \\ &= V_0 I_0 + \sum_{n=1}^{\infty} V_n I_n \cos\phi_n \end{aligned} \tag{10.18}$$

各周波数成分の有効電力

直流分の電力

この式の意味するところはひずみを含んだ波形の電力は，同じ次数成分の電圧と電流の間の有効電力の総和になるということである．電圧，電流の双方に含まれる周波数成分の高調波のみが有効電力に含まれるということである．つまり，電圧または電流のいずれかが正弦波であれば高調波は有効電力とならず，基本波のみを電力として考慮すればよいことになる．

10.4 力率とひずみ率

10.4.1 力率

力率を皮相電力 S と有効電力 P の比として定義した場合，総合力率 PF (Power Factor) とよばれる．

$$PF = \frac{P}{S} \tag{10.19}$$

有効電力（P）
皮相電力（S）
総合力率（PF）

正弦波交流の場合，有効電力は $P = E \cdot I \cos\phi$ なので

$$PF = \cos\phi \tag{10.20}$$

電圧と電流の位相差（ϕ）
正弦波交流の総合力率（PF）

となる．総合力率と，電圧と電流の位相差から求める力率が等しい．

ところがひずみ波の場合，基本波以外の周波数の正弦波成分が含まれているので，電圧波形と電流波形の位相差という関係は成り立たない．そのため，総合力率 PF と基本波力率 $\cos\phi_1$ を区別する．

ひずみ波の皮相電力は

$$S = V_{rms} \cdot I_{rms} \tag{10.21}$$

ひずみ波電流の実効値（I_{rms}）
ひずみ波電圧の実効値（V_{rms}）
ひずみ波の皮相電力（S）

となる．ひずみ波の総合力率 PF は定義に従って，

$$PF = \frac{P}{S} = \frac{P}{V_{rms} \cdot I_{rms}} \tag{10.22}$$

有効電力（P）
ひずみ波電流の実効値（I_{rms}）
ひずみ波電圧の実効値（V_{rms}）
ひずみ波の皮相電力（S）
総合力率（PF）

と求めることができる．総合力率 PF は高調波を含んだ力率である．これに対し，基本波力率は基本波成分の電圧と基本波成分の電流の位相差 ϕ_1 を表している．基本波力率は次のように表される．

$$\cos\phi_1 = \frac{V_1 I_1 \cos\phi_1}{V_1 I_1} \tag{10.23}$$

基本波成分の位相差（ϕ_1）
基本波成分の実効値電流（I_1）
基本波成分の実効値電圧（V_1）
基本波力率（$\cos\phi_1$）

総合力率 PF はどの程度高調波を含んでいるかを表す指標となる．電力系統では高調波は供給すべき電力の周波数ではないので無効電力とみなされる．そこで総合力率が用いられることが多い．一方，基本波力率は電動機駆動などの場合，基本波成分の

電流が電動機のトルクに直接関係するので基本波力率を考慮することが多い．

10.4.2 ひずみ率

波形が高調波を含んでいるとき，ひずんでいるという．ひずみの程度はひずみ率により表す．ひずみ率は歪率（わいりつ）ともよばれる．ひずみ率は機器や用途の分野によってさまざまな定義があるので，ここではパワーエレクトロニクス分野で使われるひずみ率を説明する†．

パワーエレクトロニクス分野では総合ひずみ率 (THD : Total Harmonic Distortion) を用いる．THD は次の式で表される．

$$\mathrm{THD} = \frac{\sqrt{\sum_{k=2}^{40} {I_k}^2}}{I_1} \tag{10.24}$$

2 次以上の高調波（$\sqrt{\sum_{k=2}^{40} {I_k}^2}$），基本波成分（$I_1$），総合ひずみ率（THD）

この式は基本波成分の電流 I_1 に対して高調波成分の rms 和の割合を示している．電圧のひずみ率も同様に求めることができる．

総合力率 PF はひずみがあり，高調波を含んだ場合の力率である．総合力率 PF はひずみ率を用いて表すことができる．

$$PF = \frac{I_1 \cos\phi_1}{\sqrt{\sum_{k=1}^{40} {I_k}^2}} = \frac{\cos\phi_1}{\sqrt{1 + (\mathrm{THD})^2}} \tag{10.25}$$

基本波の力率（$\cos\phi_1$），ひずみ率（THD），総合力率（PF）

電力系統に流出している高調波電流を表すときには THD が用いられる．電力系統での THD は 40 次までの高調波を対象として 5%以下にすることが高調波ガイドラインで定められている．規格値は 40 次までの高調波を対象にしているので 50 または 60 Hz の電力系統では 2 kHz または 2.4 kHz 以下の高調波が対象となる．そのため，多くのパワーエレクトロニクス機器で用いられる可聴周波数 (20 Hz～20 kHz) 以上のスイッチング周波数の成分の評価は含まれていない．

パワーエレクトロニクス機器の出力のひずみを評価するためには対象とする次数を高くすればスイッチング周波数まで含めることができる．しかし高調波は周波数が高いほど負荷への影響が小さくなる．なぜなら電動機などの誘導性負荷は周波数に比例してインピーダンスが増加するからである．したがって次数ごとに現象への影響の大

† オーディオ分野などで機器の音の再現性にも使われている．分野によっては狂率とよぶ場合もある．

きさが異なる．そのため，高調波の振幅を次数で割った I_k/k や ${I_k}^2/k$ として求めるなど，さまざまな定義のひずみ率が用いられている．

ひずみ波形の例として図10.8に三相全波整流回路の電流波形とそのスペクトルを示す．このような整流回路の場合，電圧が正弦波であっても電流はひずみ波形である．電圧が正弦波であれば有効電力を求めるときには電流の基本波成分だけが対象となる．それ以外の高調波成分の電流は無効分となる．つまり無効電力となる．高調波電流があることにより総合力率が低下するのである．

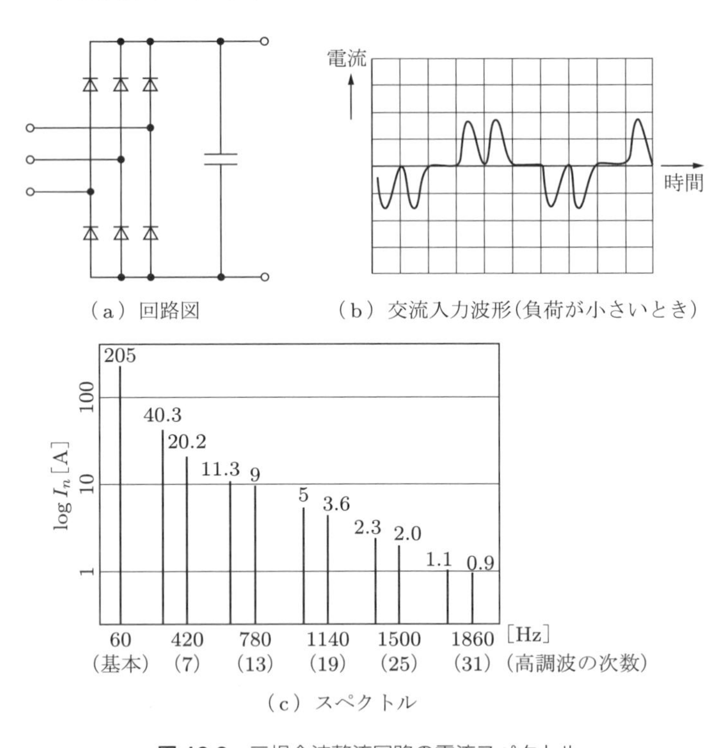

図10.8　三相全波整流回路の電流スペクトル

▶ 復習　フーリエ級数

周期 T の関数 $f(t)$ は次のように展開できる．

$$f(t) = a_0 + \sum_{n=1}^{\infty}(a_n \cos n\omega t + b_n \sin n\omega t) = a_0 + \sum_{n=1}^{\infty} c_n \sin(n\omega t + \theta_n)$$

ここで，a_n，b_n はフーリエ係数とよばれ，次のように定積分により表される．

$$a_n = \frac{2}{T}\int_0^T f(t)\cos ntdt \qquad (n = 0, 1, 2, \cdots)$$

$$b_n = \frac{2}{T}\int_0^T f(t)\sin ntdt \qquad (n = 0, 1, 2, \cdots)$$

$$c_n = \sqrt{{a_n}^2 + {b_n}^2}, \qquad \theta_n = \tan^{-1}\frac{a_n}{b_n}$$

a_0 は直流分で，次のように表される．

$$a_0 = \frac{1}{T}\int_0^T f(t)dt \qquad (n = 0, 1, 2, \cdots)$$

すなわち，1 周期の平均値である．

第 10 章の演習問題

10.1　本文図 10.2 の波形をフーリエ級数で表現せよ．

10.2　前問の波形のひずみ率を求めよ．

10.3　50 Hz，200 V の商用電源に接続された単相入力のインバータ装置の入力電流を測定し，周波数分析した結果，問表 10.1 のような結果となった．

問表 10.1

周波数 [Hz]	0	50	150	250	350	450
電流 [A]	0	12	4	2.4	1.7	1.3

(1) 電流スペクトルを描け．
(2) 電流のひずみ率を求めよ．
(3) 入力の総合力率を求めよ．ただし基本波力率は 1 とする．

実際の回路と部品

パワーエレクトロニクスの回路を実際に製作する場合，パワーデバイスをどのように駆動してスイッチングさせるかが重要である．パワーデバイスは理想スイッチとして動作しない．またパワーデバイス以外にもインダクタンスやキャパシタンスなどの部品も理想部品として動作しない．そのため回路には工夫が必要である．さらに，種々のセンサを利用して制御も行う．本章では実際の回路に用いられる各種の回路および部品について述べる．

11.1 駆動回路

駆動回路 (drive circuit) とは制御信号に基づき，パワーデバイスを動作させる回路である．駆動回路は主回路と制御部の間にありその間のインターフェイスの役割を果たしている．駆動回路には次の三つの機能が必要とされる．

(1) 制御部からの信号をパワーデバイスの駆動に十分なレベルの電圧または電流に増幅する．
(2) スイッチをオンさせるために立ち上がりの速いプラス出力とオフするためのマイナス出力が出力可能である．
(3) 制御部の回路と主回路を絶縁できる．

これらはパワーデバイスの種類を問わず共通して必要な機能である．

11.1.1 ドライブ条件とパワーデバイスの特性

パワーデバイスは制御信号のオンオフに応じて動作する．しかし，実際のパワーデバイスの動作はゲート端子やベース端子へ入力する電圧，電流に影響される．そのため駆動回路はパワーデバイスの動作に対してふさわしい電圧または電流を出力する必要がある．

駆動回路が出力する駆動波形の原理図を図 11.1 に示す．図 (a) は IGBT のゲート・エミッタ間に電圧として印加されるゲート・エミッタ間電圧 V_{GE} を示している．IGBT はゲートにプラスとマイナスの電圧が印加されることによりオンオフする．オフ中もゲートにはマイナスの信号を入力している．これを逆バイアスという．IGBT はこの

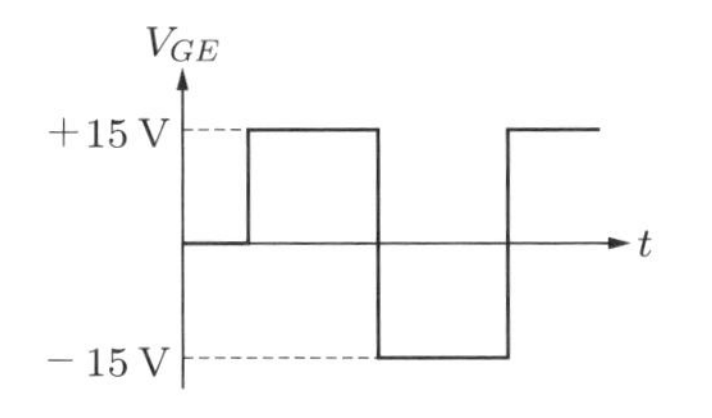

（a）IGBT のゲート・エミッタ間電圧

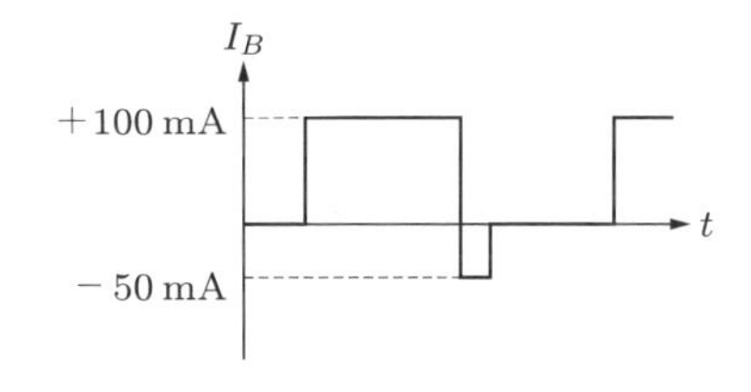

（b）バイポーラトランジスタのベース電流

図 11.1 パワーデバイスの駆動波形

ように電圧信号で駆動するパワーデバイスである．一方，図 (b) はバイポーラトランジスタのベース電流 I_B を示している．バイポーラトランジスタはベース端子に電流を流し込む（プラス電流）とオンし，ベース端子から電流を引き出す（マイナス電流）とオフする．バイポーラトランジスタは電流で駆動するパワーデバイスである．

IGBT を例にしてゲート信号が変化したときの IGBT の動作の変化を説明する．オン時のプラスのゲート電圧 V_{GE} を増加させるとコレクタ・エミッタ間電圧 V_{CE} が低下するのでオン損失が低下する．さらにオンへの立ち上がり時間 t_{on} も短くなる．このことから高いゲート電圧はデバイスの動作としては望ましいように思える．しかし，ゲート電圧が高いとオンした瞬間に生じるサージ[†1]電圧が増加し，それにともないノイズの発生が増加する．一方，ゲート電流が小さいと立ち上がり，立ち下がり時間とも長くなってしまう．このように駆動回路の出力条件によりパワーデバイスの動作が変化する．あちらを立てればこちらが立たずのようになるが，一般的にはメーカーから公表されるそれぞれのデバイスの推奨値が妥当な組み合わせになっていると考えてよい．

11.1.2 駆動回路の原理

駆動回路 (drive circuit) の動作を図 11.2 に示す IGBT の駆動回路を例にして説明する．制御部から出力する 5 V のオンオフ信号をフォトカプラ[†2]で絶縁する．制御信号のオンオフに対応するようにトランジスタ Tr_1，Tr_2 を交互にオンする．Tr_1 がオンすると IGBT のゲート端子にプラス電源 V_G が接続される．この状態を順バイアスされたという．また Tr_2 のオンにより IGBT のゲート端子にマイナス電源 $-V_G$ が接続される．このときは逆バイアスされている．このように制御信号に応じてゲートにプラスマイナスの電源を接続するのでゲート端子に電流が流れる．ゲート電流が流れ

†1 短時間で一時的に発生する高電圧，大電流をさす．
†2 発光素子と受光素子を組み合わせてディジタル信号を一度光に変換して伝達する複合デバイス．photo coupler または opt coupler.

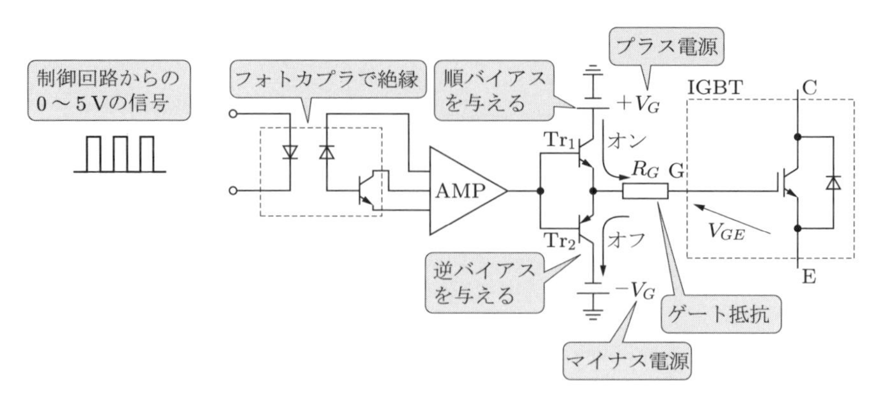

図 11.2　IGBT の駆動回路

すぎないように制限するためにゲート抵抗 R_G が入れられている．

制御信号と駆動回路の電圧，電流の実際の波形を図 11.3 に示す．IGBT にはゲート・エミッタ間に静電容量（キャパシタンス成分）がある．IGBT をオンさせるためには，まず，この静電容量にゲートから電荷を注入することが必要である．逆にオフさせるには，静電容量に蓄積された電荷をゲートから放出させる必要がある．オン信号に応じてゲート電圧 V_{GE} を印加すると，静電容量の充電に対応する電流が流れる．オフ時には静電容量に蓄積された電荷の放電に対応する電流が流れる．このようにゲート電流はオンまたはオフの期間だけ流れる．ゲート電流の平均値は素子の入力の静電容量と，充放電の繰り返し回数（スイッチング周波数）で決まる．また，ゲート電流のピーク値は次の式で近似できる．

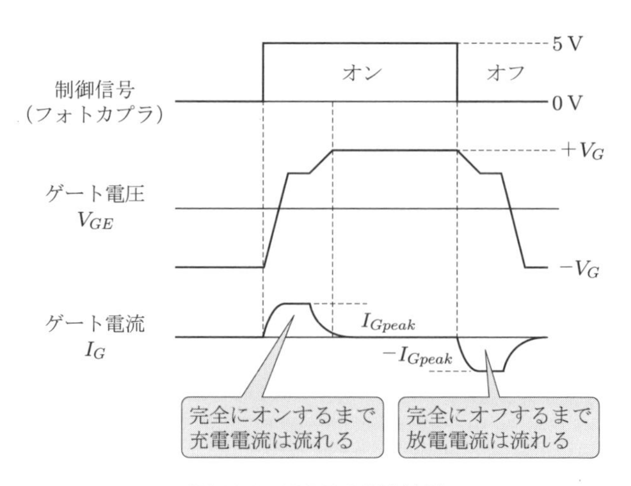

図 11.3　IGBT の駆動波形

$$I_{Gpeak} = \frac{+V_G + |-V_G|}{R_G} \tag{11.1}$$

順バイアス電源電圧
逆バイアス電源電圧
ゲート抵抗
ゲート電流のピーク値

通常，ゲート抵抗 R_G は数 Ω 以上が使われるので，ゲート抵抗による電力消費も考える必要がある．

11.2 インダクタンス

ほとんどのパワークトロニクス回路ではインダクタンスを用いる．インダクタンス素子（インダクタ）は大型の場合にはリアクトルともよばれる．また小型の場合はチョークコイルとよばれることがある．

11.2.1 インダクタンスのはたらき

ここで，スイッチングにおけるインダクタンスの動作をもう一度説明する．図 11.4(a) に示すような抵抗と電源の回路を考える．スイッチをオンすることにより図 (e) に実線で示すような断続した電流が流れる．ところが，図 (b) のように抵抗に直列にイン

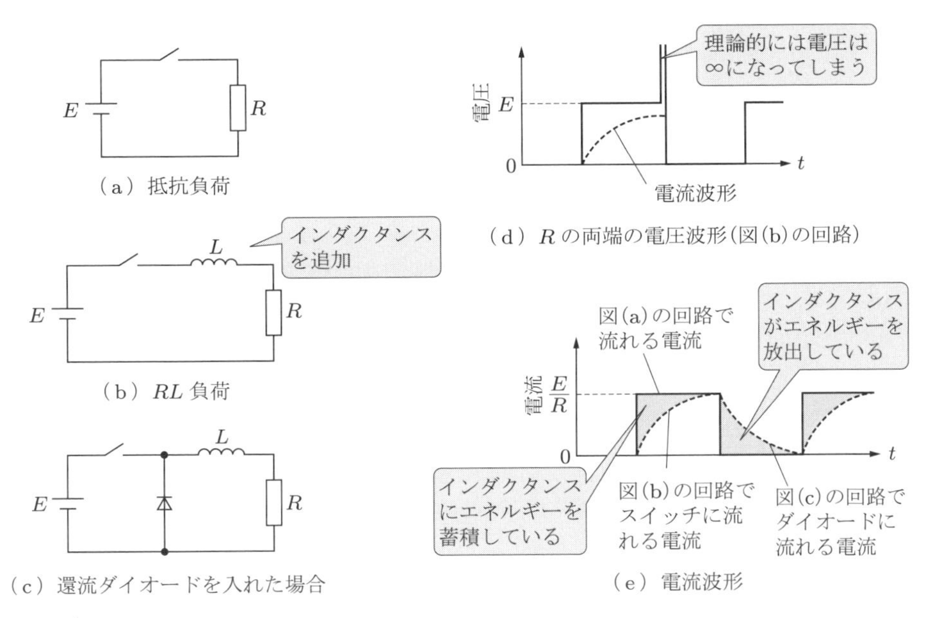

図 11.4 インダクタンスのはたらき

ダクタンスを入れると，スイッチがオンすると，RL 直列回路の過渡現象によりゆっくり電流が上昇する．一方，スイッチをオフした瞬間に，図 (d) に示すように抵抗の両端の電圧が E 以上に急激に上昇する．これは電流 I が流れている間にインダクタンスに蓄積された磁気エネルギーにより発生する起電力である．インダクタンスに電流が流れなくなればインダクタンスの蓄えたエネルギーはゼロになる．エネルギー保存の法則によりそれまでに蓄積されたエネルギーを放出する必要がありそれが起電力となり電圧の形で現れる．このような高電圧が瞬間的にかかると回路や抵抗は絶縁破壊してしまうかもしれない．そこで，図 (c) に示すように還流ダイオードを挿入する．するとスイッチオフの瞬間に発生する起電力が電源となって図 (e) に示すようにオフ期間にダイオードがオンしてダイオードに電流が流れる．降圧チョッパの原理の中心には，このようなインダクタンスによるエネルギーのやり取りがある．電流がゆっくり立ち上がるのは，その間にインダクタンスにエネルギーを蓄積しているからである．スイッチをオフしても電流が瞬時にゼロにならないのは，インダクタンスに蓄積されたエネルギーを放出するからである．これがインダクタンスの作用である．

インダクタンスのインピーダンスは $Z = j\omega L$ と表され，周波数に比例する．しかし，電力の分野では周波数は一定であり，変化しないと考えるのが一般的である．周波数が一定であればリアクタンスとして考え，単位を [Ω] として扱うことができる．そのため，リアクトルとよんでいる．そこで，パワーエレクトロニクスの分野でも大型のインダクタンスをリアクトルとよぶことが多い．

11.2.2　インダクタの原理と構造

インダクタ (inductor) は鉄心 (iron core) にコイルを巻くだけで実現する．極端には空気中でコイルを巻けば空心コイルとよばれるインダクタとなる．

インダクタの特性を図 11.5(a) に示す環状の鉄心と巻数 N の巻線で説明する．この鉄心にはギャップ（空隙）がない．いま，このインダクタのインダクタンス L は次のように表される．

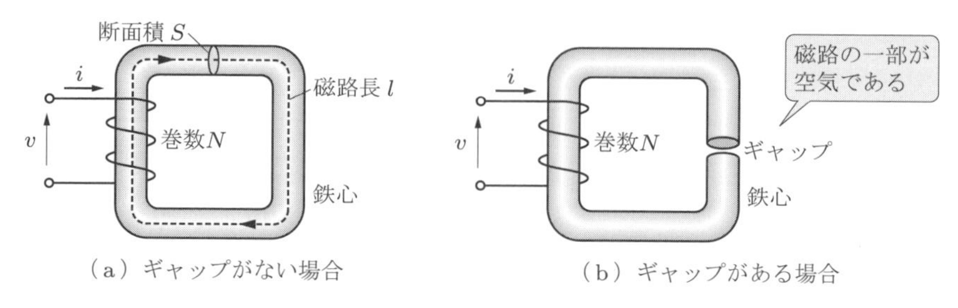

図 11.5　ギャップ付インダクタの原理

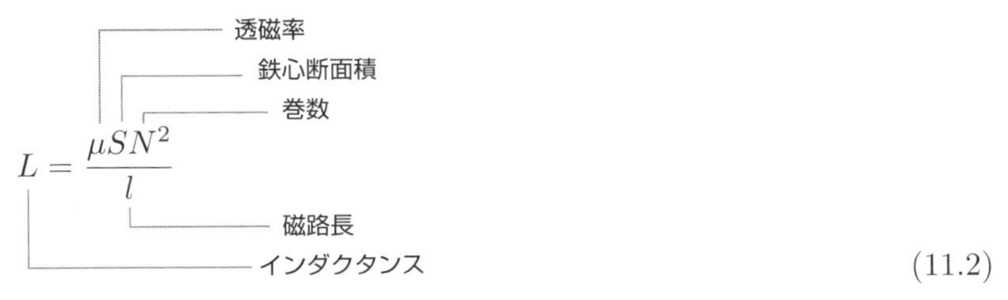

$$L = \frac{\mu S N^2}{l} \tag{11.2}$$

このインダクタが図 11.6 のような磁化曲線を持つとする．このときインダクタに蓄えられる磁気エネルギー U_L は，磁化曲線を直線とすれば次のように表される．

$$U_L = \int_0^{\lambda} i d\lambda = \frac{1}{2} i \cdot \lambda \tag{11.3}$$

（U_L：磁気エネルギー，i：電流，λ：磁束数）

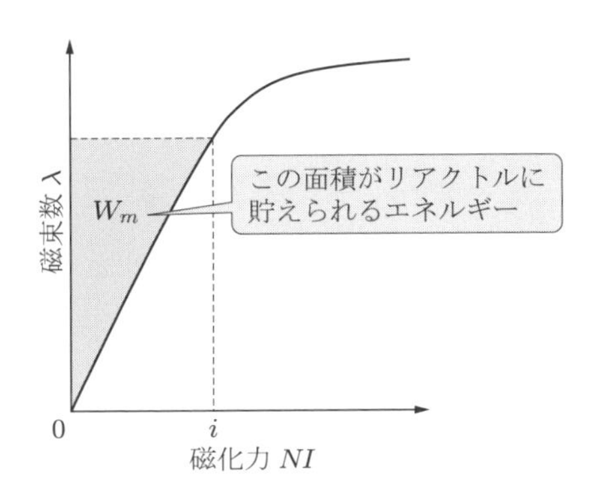

図 11.6 磁化曲線

つまり，磁気エネルギーは図 11.6 の網かけ部分の i と λ を辺とする三角形の面積である．総磁束数 λ は

$$\lambda = L \cdot i \tag{11.4}$$

（λ：鎖交磁束数，L：インダクタンス，i：電流）

と表されるので，磁気エネルギー U_L はインダクタンスを用いて表すと次の式になることがわかる．

$$U_L = \frac{1}{2} L i^2 \qquad \text{(2.8) 再掲}$$

インダクタンスが一定とみなせるのは図 11.6 の直線部分だけである．磁気飽和すると磁束数と電流が比例しなくなるのでインダクタンスは低下してゆく．

次に図 11.5(b) に示すように鉄心にギャップを設けた場合について説明する．鉄心にギャップを設けるとギャップ部は空気でできている．空気の透磁率は鉄心の透磁率よりはるかに低いため，磁気回路全体としての磁気抵抗が大きくなる．すなわち，ギャップがあると，同一の電流を流したときの磁束が少ない．すなわちインダクタンスが低下する．図 11.7 で鉄心にギャップがない場合の磁化曲線を ① とする．鉄心にギャップを設けると ② のような磁化曲線になる．磁化曲線の傾きが小さくなったことは同じ電流を流しても磁束数が少ないことを表しており，さらにインダクタンスが低下したことを示している．また，ギャップを設けることにより蓄えられる磁気エネルギーが増加する．図 11.7 の網かけ部分はギャップにより蓄えられる磁気エネルギーの増加分を示している．ギャップを設けるもう一つの理由はインダクタンスが一定になる範囲が広くなることである．図 11.7 で ② の曲線が直線となる磁化力の領域が広い．このことは回路的には電流値が大きく変化してもインダクタンスが一定であることを表している．インダクタンスが一定であればステップ状に電圧が印加されたときに電流がゆっくりと上昇する．一方 ① の場合，低い電流で磁気飽和領域に到達する．磁気飽和するとインダクタンスが小さくなるのでリアクトルのインピーダンスが低下する．その結果，電流が急激に増加する．リアクトルは磁路にギャップを設けることにより飽和しにくくなるのである．

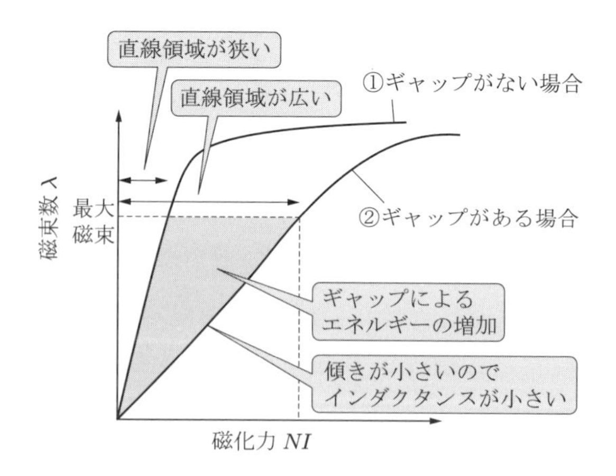

図 11.7　ギャップの効果

11.2.3　インダクタの等価回路

インダクタは理想的にはインダクタンスのみを持つ素子と考えられるが，現実にはそうではない．巻線には銅線などを使うため巻線抵抗がある．また，鉄心には磁気的

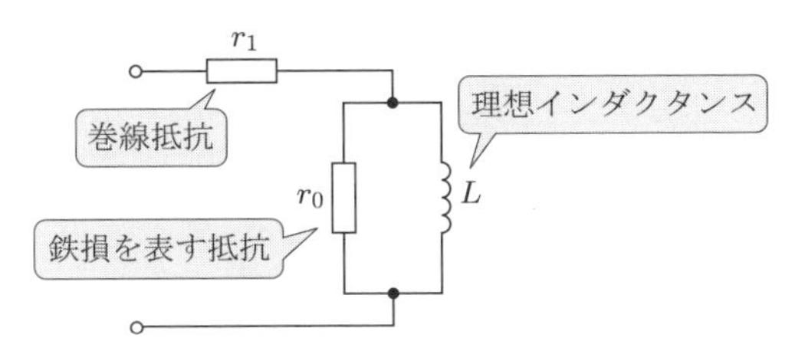

図 11.8　インダクタの等価回路

な損失（鉄損）が生じる．そのため，インダクタの回路動作への影響を詳細に検討するためには巻線抵抗や鉄損抵抗を含む図 11.8 に示す等価回路を用いる．なお，本書ではインダクタの巻線抵抗や損失を無視して理想インダクタンスとして扱っている．

11.3　コンデンサ

パワーエレクトロニクス回路では各種のコンデンサ（キャパシタ）を使用する．コンデンサは直流電圧のリプルを平滑する機能を持っている．コンデンサは直流回路に使用する部品であるが，スイッチング回路ではコンデンサを流れる電流はスイッチングによりコンデンサを充放電するパルス状の断続する電流であることに注意を要する．

11.3.1　コンデンサの原理と構造

コンデンサは電極間の誘電体に電圧を印加すると電荷が蓄積される現象を用いている．コンデンサの基本式は

$$Q = CV \tag{11.5}$$

電極間の電圧 [V]
静電容量 [F]
電荷 [C]

と表される．コンデンサの原理を図 11.9 に示す．このとき，静電容量 C（キャパシタンス）は次の式で表される．

$$C = \varepsilon \frac{S}{d} \tag{11.6}$$

電極の面積
電極間距離
誘電率
静電容量

コンデンサの静電容量 C は電極の面積 S が大きく，電極間の距離 d が小さいほど大きい．しかし電極間には

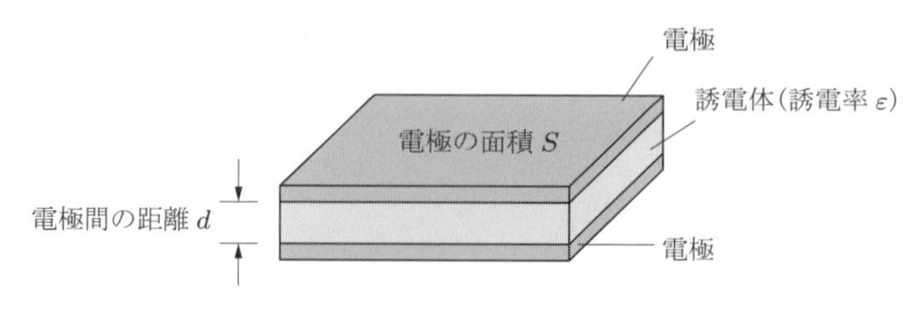

図 11.9　コンデンサの原理

$$E = \frac{V}{d}\ [\mathrm{V/m}] \tag{11.7}$$

電圧
電極間距離
電界の強さ

の大きさを持つ電界 E がかかっている．静電容量を大きくするために電極間距離 d を小さくすると電界強度が高くなり，絶縁破壊の面から限界がある．そこで，通常は図 11.10 のような構造にして，電極面積 S の大きいコンデンサを実現する．

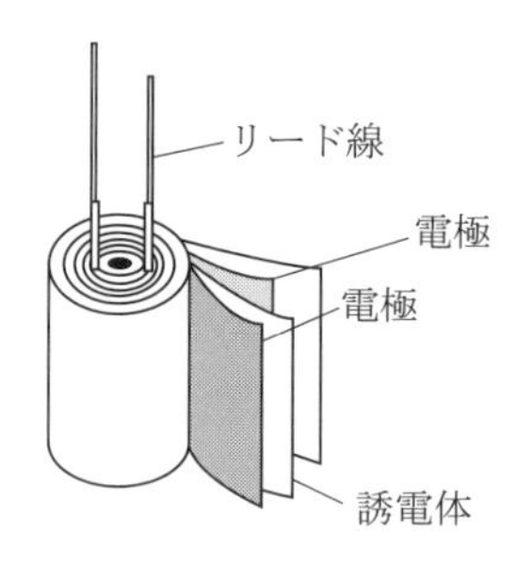

図 11.10　コンデンサの構造（電解コンデンサ）

パワーエレクトロニクスでは平滑用として誘電体に電解質を利用した電解コンデンサがよく使われる．誘電体の種類によって，たとえばプラスチックフィルムを誘電体に用いたフィルムコンデンサはポリプロピレン (PP) コンデンサ，マイラ（ポリエステル）コンデンサなどのように多くの種類とよび名がある．このほか，積層型，電気二重層型など，構造的にも分類される．しかし，いずれのコンデンサも構造的には数 μm 以下の厚さの誘電体を巻いたり，積層したりして電極面積を大きくしている．

11.3.2　コンデンサの等価回路

ここでは整流回路の平滑によく使われるアルミニウム電解コンデンサを例として述べる．アルミニウム電解コンデンサの等価回路を図 11.11 に示す．図において R は等価直列抵抗 (ESR：Equivalent Series Resistance) とよばれる．L はリード線などに

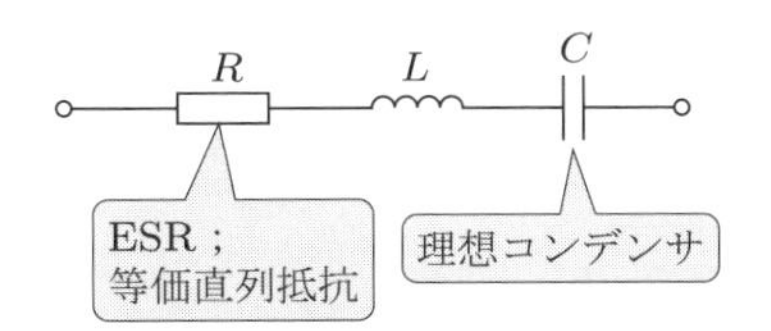

図 11.11 コンデンサの等価回路

よるインダクタンス，C は理想コンデンサである．等価直列抵抗 (ESR) はコンデンサの内部の電解液の抵抗分，接触抵抗などにより生じる．そのため，ESR は周波数により変化するが，ある周波数以上ではほぼ一定になる．また，ESR は電解液の化学反応を抵抗として表しているため，温度が上がると小さくなる．

ESR は等価な抵抗としているが，コンデンサの損失は ESR のジュール熱としてではなく，損失角の正接 $(\tan\delta)$ として表される．

$$\tan\delta = \frac{(\mathrm{ESR})}{1/\omega C} = \omega C \cdot (\mathrm{ESR}) \tag{11.8}$$

コンデンサの損失は ESR に比例する
等価直列抵抗
損失角の正接

つまり，ESR が大きいほど $\tan\delta$ は大きく，損失が大きいことになる．図 11.11 に示した等価回路を用いるとコンデンサのインピーダンスは次のように表される．

$$Z = \sqrt{(\mathrm{ESR})^2 + \left(\omega L - \frac{1}{\omega C}\right)^2} \tag{11.9}$$

容量性インピーダンス
誘導性インピーダンス
等価直列抵抗
コンデンサのインピーダンス

この式はコンデンサのインピーダンスは周波数により図 11.12 のように変化することを示している．低周波では容量性で周波数に対して右下がりになり，高周波では誘導性となり周波数に対して右上がりになる．容量性と誘導性の交点が共振周波数である．このときインピーダンス $Z = (\mathrm{ESR})$ である．セラミックコンデンサやフィルムコンデンサは ESR が小さいので共振周波数ではインピーダンスがほとんどゼロであると考えてよい．

ここまで，コンデンサ，インダクタについてやや詳しく述べた．パワーエレクトロニクス回路の解析ではこれらの受動素子も理想素子として扱えない場合があることに注意してほしい．

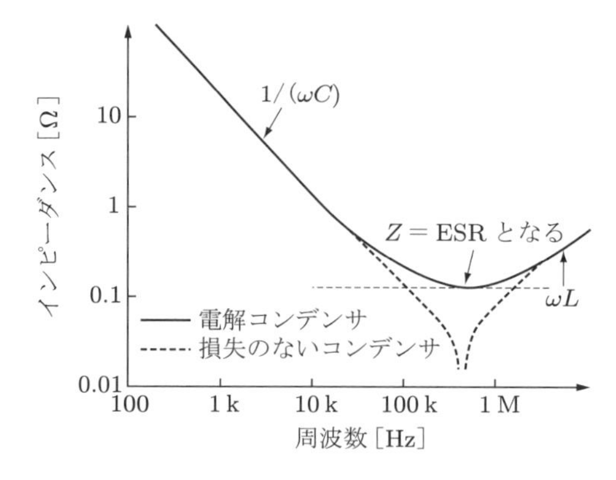

図 11.12　コンデンサの等価回路のインピーダンス

11.4　センサ

パワーエレクトロニクスでは制御のために各種のセンサを使用する．ここではそのうちのいくつかを紹介する．

11.4.1　電流の検出

電流を検出するには対象の回路に直列に電流検出用の抵抗を入れ，その電圧から電流を検出する方法と電流の周囲の磁界を検出して電流に換算する方法がよく使われる．

(1) 抵抗を用いる方法

測定すべき電流の流れている回路に微小な抵抗値の抵抗を直列接続する．この抵抗の両端に生じる電圧降下によって電流を知る方法である．このような抵抗をシャント抵抗 (shunt resistor) とよぶ．

図 11.13 に示すように電流を測定したい回路に直列にシャント抵抗を挿入する．抵抗の両端の電圧は電流に比例した信号となる．低抵抗であれば出力への影響はほとんどなく，低電圧の信号が得られる．しかし，主回路が高電圧の場合，主回路と制御回

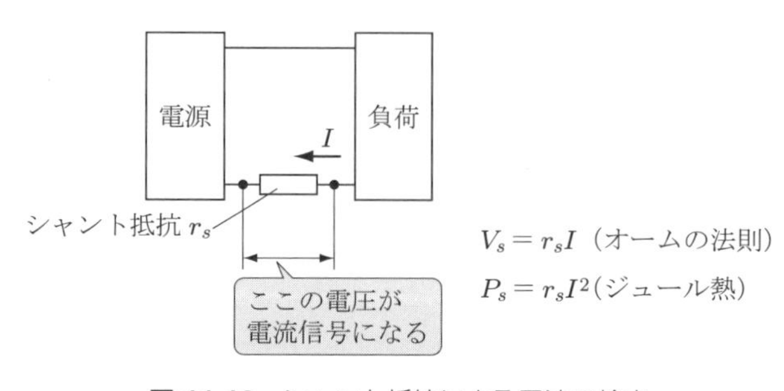

図 11.13　シャント抵抗による電流の検出

路を絶縁する必要がある．そのようなときには検出した電圧信号を絶縁アンプを介して制御部に入力する．

(2) 磁界を使用する方法

導体に電流が流れると周囲に磁界ができる．周囲の磁界は導線のまわりに鉄心を巻けば，鉄心内部に磁界が集中する．このような原理を利用した電流センサの原理を図11.14に示す．導体が1次巻線となり，電磁誘導により2次巻線に誘導起電力が生じる変圧器の原理を利用している．検出電流と信号の関係は2次巻線の巻数により調節できる．抵抗の両端の電圧は測定電流に比例するので信号として電圧が得られる．このように電流検出のための変圧器はCT (Current Transformer) とよばれる．変圧器の原理を用いているので交流電流 (AC) のみ検出でき，ACCTとよばれる．ACCTは容易に絶縁が確保できるメリットがあるが直流分が検出できないのが欠点である．

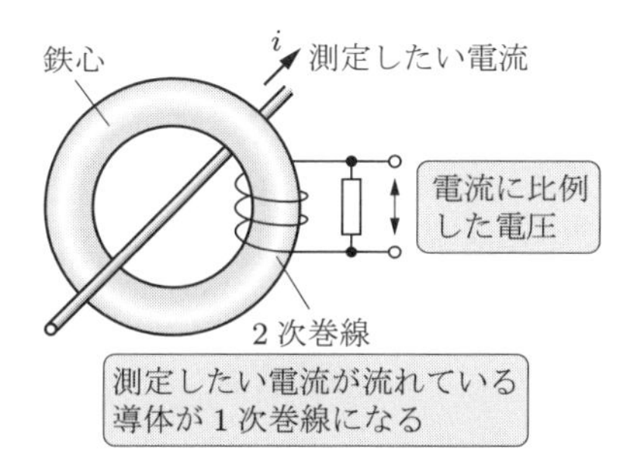

図 11.14 磁界による電流の検出 (ACCT)

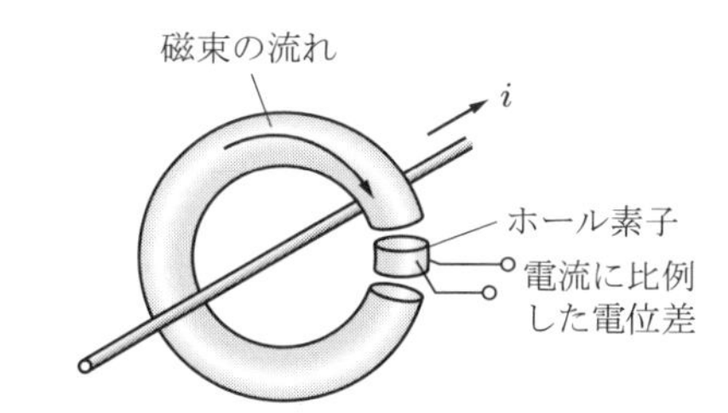

図 11.15 直流分も検出できる電流センサ (DCCT)

鉄心に巻線を巻かずに，鉄心内部の磁界を直接検出すれば貫通する電流の直流分の磁界も含まれる．ホール素子†を利用すれば鉄心内部の直流分も含めた磁界が検出できる．導体の鉄心の一部にギャップを設け，ギャップ内にホール素子を配置する．このときホール素子には鉄心内の磁束に応じた電位差が生じる．これにより直流分の電流も検出できるのでDCCTとよばれる．図11.15にその原理を示す．

11.4.2 電圧の検出

パワーエレクトロニクス回路で検出する電圧は制御部で扱う信号電圧と比べると，かなり高電圧であることが多い．したがって，電圧の検出にはまず分圧が基本である．分圧の原理を図11.16に示す．測定電圧を $1/n$ に落としたいときには

† ホール効果を利用した素子．ホール効果とは，半導体に電流を流し，それと直角に磁界を印加すると，電流と磁界に直角に電位差を生じる現象．生じる電位差をホール電圧とよぶ．

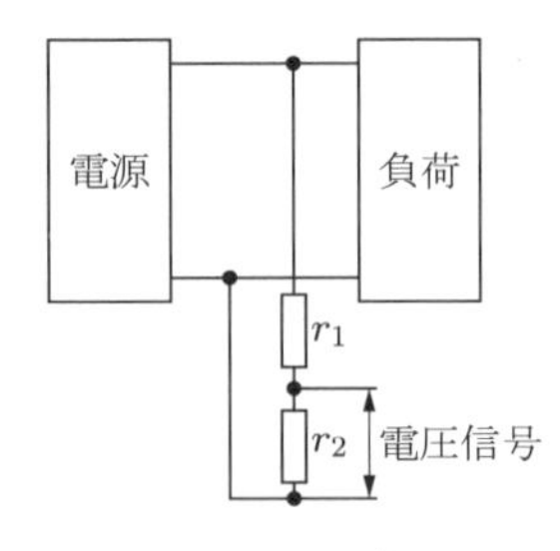

図 11.16　分圧

$$\frac{r_2}{r_1 + r_2} = \frac{1}{n} \tag{11.10}$$

となるように r_1, r_2 を選定すればよい．コンデンサを同様に直列接続し，分圧することも可能である．このように検出した信号は絶縁する必要がある．信号は絶縁アンプを使用して制御回路に入力する．

また，交流電圧の検出は変圧器を利用しても行うことができる．検出用の変圧器を PT (Potential Transformer) とよぶ．PT は変圧器なので信号が絶縁される．また，信号電圧は巻数比により調節可能である．CT と同様に直流分は検出できない．

11.4.3　回転の検出

パワーエレクトロニクスは電動機の制御に用いられることが多い．このとき，電動機の回転数や回転角度などが制御に必要となる．制御に用いられる代表的な回転センサを説明する．

(1) ロータリエンコーダ

ロータリエンコーダの原理を図 11.17 に示す．これは光学式ロータリエンコーダとよばれ，回転軸に多数のスリットを切った円盤が取り付けられている．円盤をはさんで両側には発光素子と受光素子が配置されている．円盤の回転により光が断続する．光の断続の回数は回転数に比例する．図において 1 箇所だけ 1 回転に 1 回だけ出力するスリットが切ってある．これにより回転体の絶対的な回転位置がわかる．このように何種類かのスリットを使ってその信号を組み合わせて回転数だけでなく，回転方向や回転むらなどの情報を得ることができる．

(2) レゾルバ

レゾルバとは回転する 2 次巻線と回転しない固定された 1 次巻線を持つ回転変圧器である．このような構成にすると，回転角度によって相互インダクタンスが変化する．

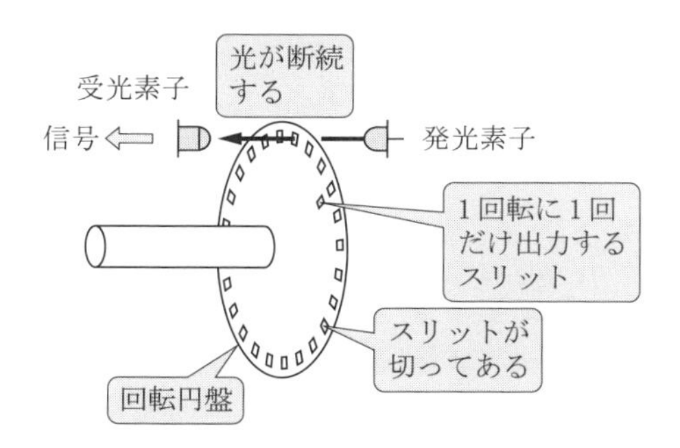

図 11.17　光学式ロータリエンコーダの原理

レゾルバはこれを利用して回転角度が検出できる回転角センサである．

(3) タコジェネレータ

タコジェネレータは直流発電機の原理を使った回転数のセンサである．直流発電機は電圧が回転数に比例する．電圧そのものが回転数の信号になることを利用している．タコジェネレータは外部電源が不要で，しかも半導体を使用していないので高温での使用や振動などにも強いという特徴がある．

▶ 復習　ギャップのある環状コイル

図 11.18 に示す環状コイルにおいて，ギャップがない場合のインダクタンスは鉄心の磁気抵抗 R_i とコイルの巻数 N により表される．

$$L = \frac{N^2}{R_i}$$

したがって，

$$L = \frac{\mu S N^2}{l} \qquad \left(R_i = \frac{l}{\mu S}\text{である}\right)$$

となる．一方，鉄心にギャップのある図 (b) の場合，磁路中にはギャップがある．ギャップの磁気抵抗 R_g は次のように表される．

$$R_g = \frac{l_g}{\mu_0 S}$$

ギャップの磁気抵抗と鉄心の磁気抵抗は直列に合成されるため，インダクタンスは次のようになる．

$$L = \frac{N^2}{R_i + R_g} = \frac{S N^2}{\left(\dfrac{l}{\mu} + \dfrac{l_g}{\mu_0}\right)}$$

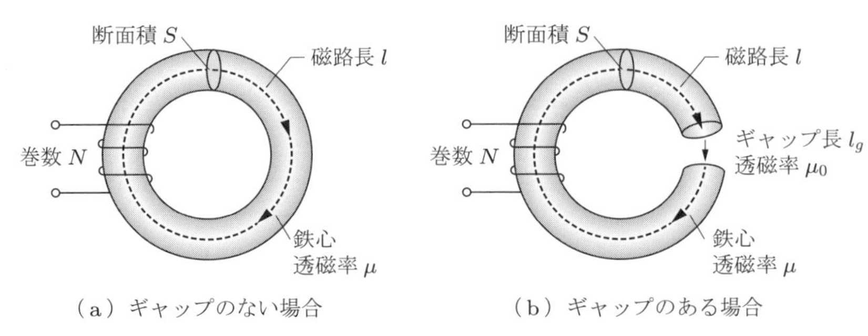

（a）ギャップのない場合　（b）ギャップのある場合

図 11.18　環状コイル

空気の比透磁率を 1 とすると一般に鉄心の比透磁率は数 100 である．つまり，ギャップの長さが短いとしても $(l/\mu) \ll (l_g/\mu_0)$ であると考えられる．ギャップの磁気抵抗 R_g は鉄心の磁気抵抗 R_g に比べてはるかに大きいことになる．つまり，わずかなギャップを入れることにより磁気抵抗が増加し，その結果，インダクタンスは低下する．

第 11 章の演習問題

11.1　バイポーラトランジスタと IGBT の駆動について比較せよ．

11.2　問図 11.1(a) に示すように二つのコンデンサ $C_1 = 4\,\mu\mathrm{F}$ と $C_2 = 2\mu\mathrm{F}$ が直列に接続され，直流電圧 6 V で充電されている．電荷が蓄積されたこの二つのコンデンサを直流電源から切り離し，電荷を保持したまま同じ極性の端子どうしを図 (b) に示すように並列に接続する．並列接続後の図 (b) の状態でのコンデンサの端子電圧を求めよ．

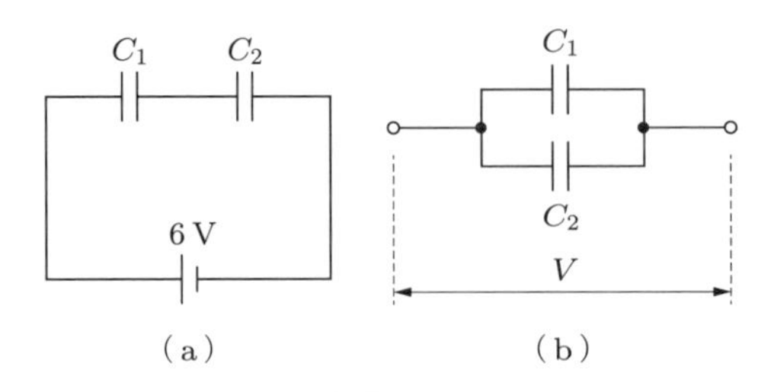

（a）　（b）

問図 11.1

11.3　問図 11.2(a) に示す降圧チョッパにおいてインダクタンス L を流れる電流 i_L の波形が図 (b) のようであった．このときのインダクタンスの大きさを求めよ．ただし，直流電源の電圧 E は 15 V，負荷抵抗の平均電圧 V_R は 10 V である．またスイッチの電圧降下およびコイルの巻線抵抗はゼロとする．

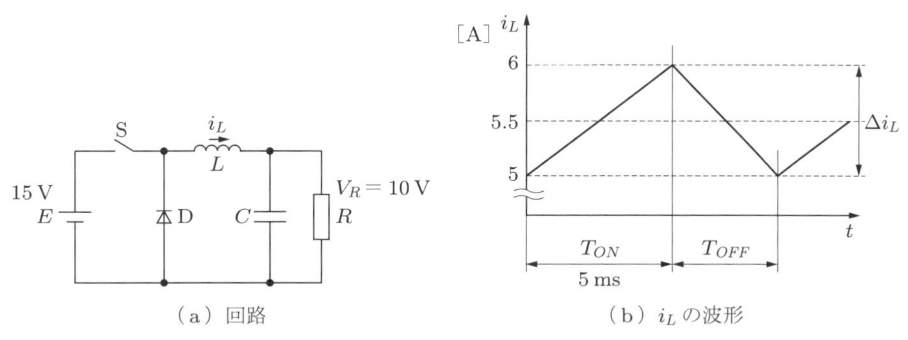

（a）回路　（b）i_L の波形

問図 11.2

12 解析とシミュレーション

パワーエレクトロニクスは大電力を扱うことが多いので，簡単に実験することが難しい．そのため性能や動作を解析やシミュレーションで事前に予測することが行われる．しかし，パワーエレクトロニクス回路の動作を事前の解析ですべて予測するのは難しい．実験で確認しなければわからないこともある．解析が簡単にできない最大の理由は変圧器，インダクタンスなどの磁気部品が非線形動作をするためである．それに加え，スイッチングということ自体がそもそも非線形動作である．しかも現実のパワーデバイスには動作遅れもある．本章ではパワーエレクトロニクスの解析とシミュレーションの概要について述べる．

12.1 スイッチングの解析

現実のパワーデバイスは第 4 章で述べたように理想スイッチではない．オンしてもオン電圧 (V_{on}) があり，オフしても漏れ電流 (I_{off}) がある．さらにスイッチングが瞬時に行われず，動作遅れ (t_{on}，t_{off}) がある．そのためパワーデバイスのスイッチング動作をモデル化するには，次のようなさまざまな考え方がとられる．

- 理想スイッチ（オン抵抗はゼロであり，オフ時は回路を完全に切り離す）として扱う．
- 理想スイッチ ＋ オン時の微小抵抗とする（図 12.1(a) 参照）．
- 理想スイッチ ＋ オン時の微小抵抗+オフ時の大きい抵抗とする（図 (b) 参照）．
- スイッチを抵抗値が変化する非線形抵抗素子とする（図 (c) 参照）．
- パワーデバイスの等価回路（デバイスの動作を表すようにデバイス内部を等価回路で表す）を用いる（図 12.2 参照）．
- パワーデバイスを半導体として扱う（半導体内部のキャリアの移動を表す電子輸送方程式を用いる）．

このようにスイッチのモデルを選んだとして，一つの解析で回路の動作すべてを解析することはできない．そこで解析目的に応じてモデルを次のように大きく分けて考える．

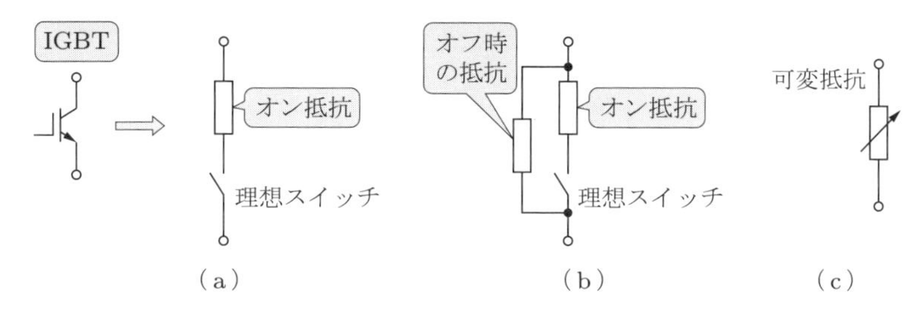

図 12.1 パワーデバイスのモデル化

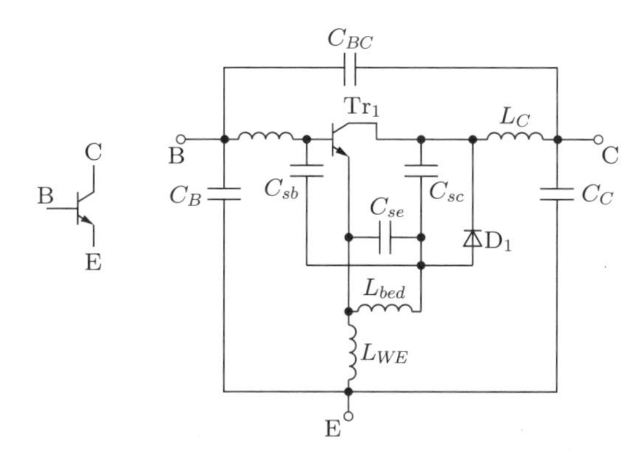

図 12.2 バイポーラトランジスタのデバイスモデルの例

(1) 理想スイッチモデル

電源の動作をオンとオフの二つの状態のみ考える．スイッチの動作遅れ，過渡現象は無視する．スイッチのオンオフごとに回路が切り換わり，それぞれの回路を解析してゆく．これについては 12.2 節で詳しく説明する．

このモデルはデューティファクタの影響の評価やスイッチングにより生じる電圧電流などのリプルなどの解析に利用できる．インダクタンス，コンデンサの選定には有効な方法である．また負荷を含めた立ち上がり特性などの解析も可能である．ただし，スイッチングの回数だけ回路を切り換えて計算する必要がある．

(2) デバイスモデル

パワーデバイスの内部を等価回路で表し，デバイスの動作をできるだけ正確に表したモデルを用いる．デバイスの内部モデルはデバイスメーカーが公表している．また，一般的な回路シミュレータではデバイスモデルが内部に準備されていることが多い．図 12.2 にデバイスモデルの例を示す．

デバイスモデルはオンやオフのスイッチングにともなうサージの解析などができるので駆動回路の設計やノイズ発生の予測などに利用される．ただし，このモデルで何回もスイッチングを繰り返すのは計算時間の点で現実的ではない.

(3) 平均値モデル

スイッチング動作を無視するためにデューティファクタを使って平均する手法である. 回路のインダクタンス, コンデンサが十分大きく, 電圧, 電流にリプルがないと仮定する. このときパワーエレクトロニクス回路をデューティファクタで平均した電流源および電圧源として表す方法である. この方法はパワーエレクトロニクス回路そのものではなく, パワーエレクトロニクスに接続された電力系統や負荷などとパワーエレクトロニクス制御の関係などのシステム全体の動作を解析するのに適している.

12.2 回路のモデル化

実際の解析の例について理想スイッチモデルを用いて示そう. 図12.3は降圧チョッパ回路である. いま, スイッチは理想スイッチであると考える. すると, 図12.4に示すようにオン時とオフ時の二つの動作モードを別の回路と考えることができる.

オン時の回路では出力電圧 v_R とインダクタンス電流 i_L は次のように表すことができる.

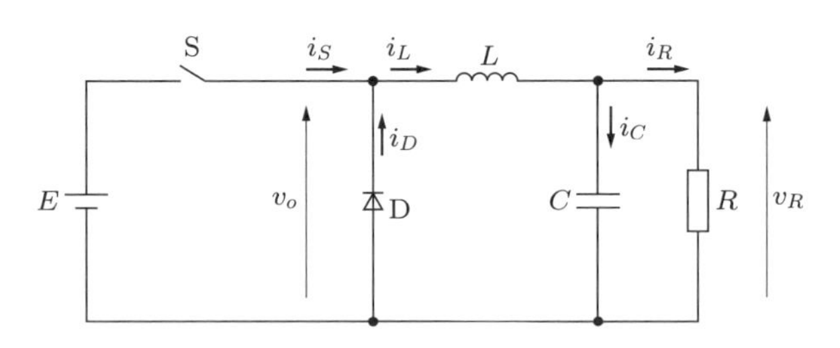

図 12.3　降圧チョッパ

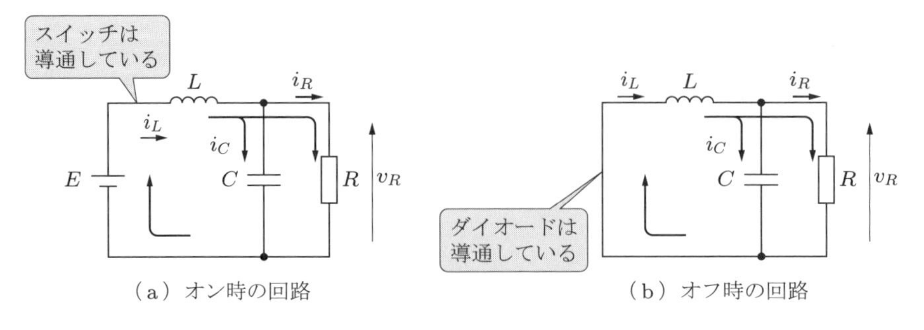

(a) オン時の回路　(b) オフ時の回路

図 12.4　降圧チョッパの二つの動作モード

$$E = L\frac{di_L}{dt} + v_R \tag{12.1}$$

- E：入力電圧
- $L\frac{di_L}{dt}$：インダクタンスの電圧降下
- v_R：抵抗にかかる電圧

$$i_L = i_C + i_R = C\frac{dv_R}{dt} + \frac{v_R}{R} \tag{12.2}$$

- i_L：インダクタンス電流
- $i_C + i_R$：コンデンサと抵抗に分流する

一方，オフ時には次のようになる．

$$0 = -L\frac{di_L}{dt} + v_R \tag{12.3}$$

- 0：短絡している
- $-L\frac{di_L}{dt}$：インダクタンスの誘導起電力
- v_R：抵抗の電圧

$$i_L = C\frac{dv_R}{dt} + \frac{v_R}{R} \tag{12.4}$$

- i_L：インダクタンス電流
- $C\frac{dv_R}{dt} + \frac{v_R}{R}$：コンデンサと抵抗に分流する

この二組の式をスイッチングのオンオフの切り換えに従って式を使い分ける．

微分方程式を解いてインダクタンスを流れる電流を求めると，オン時は

$$i_{LON} = I_0 e^{-\frac{t}{CR}} + \frac{E}{R}\left(1 - e^{-\frac{t}{CR}}\right) \tag{12.5}$$

- i_{LON}：オン時のインダクタンス電流
- $I_0 e^{-\frac{t}{CR}}$：初期値から減少する
- $\frac{E}{R}\left(1 - e^{-\frac{t}{CR}}\right)$：最終値に向けて増加する

オフ時は

$$i_{LOFF} = I_0 e^{-\frac{t}{CR}} \tag{12.6}$$

- i_{LOFF}：オフ時のインダクタンス電流
- $I_0 e^{-\frac{t}{CR}}$：減少してゆく

と表される．

それぞれのモードの期間の最終値を次のモードでの初期値として式を切り換える．それらの式をオンオフそれぞれの期間を適当な時間間隔に刻んで，時々刻々と解いてゆけば動作の解析ができる．ただし十分細かい時間刻みで計算する必要がある．

12.3 シミュレーション

パワーエレクトロニクス回路や機器のシミュレーションを行う場合，ごく特殊な場合を除いて市販の汎用ソフトウェアが使用可能である．ここではパワーエレクトロニクスの解析によく用いられる汎用ソフトウェアについて目的ごとに述べる．

(1) スイッチング動作の解析

パワーエレクトロニクスのスイッチング動作やそれにより生じるサージなどを解析したい場合，デバイスモデルが必要である．デバイスモデルを用いることのできる代表的なソフトウェアとして SPICE がある．SPICE (Simulation Program with Integrated Circuit Emphasis) とは IC 設計を目的として開発されたソフトウェアである．SPICE は回路解析用として広く普及している．SPICE ではデバイスモデルのほかに，理想スイッチにオン抵抗，オフ抵抗を与えるようなことも可能である．

数 10 回程度のスイッチングを扱うのに適している．スイッチング回数が多い場合には収束性に問題があり，計算が膨大になる．なお，数多くのデバイスの SPICE モデルがそれぞれのメーカーから公開されている．また多数の SPICE 系シミュレータが市販されている．最近では完全版もフリーソフトウェアとして公開されている．

(2) 電源としての動作解析

パワーエレクトロニクス回路の動作そのものを解析したい場合，理想スイッチを使って回路を切り換えて高速に計算できるシミュレータが必要である．代表的なものに PSIM がある．

PSIM はパワーエレクトロニクス回路のシミュレーションを目的に開発されたシミュレータである．PSIM ではスイッチは理想スイッチに限定して計算速度を速めている．そのため高速のオンオフや PWM 制御などの解析が容易である．さらに制御系はブロック線図で扱うことができる．スイッチの損失を扱う場合，スイッチを可変抵抗として扱っている．

(3) 定常状態の解析

一般にシミュレーションを行う場合，最初の電源オンから順次スイッチングさせて，やがて定常状態に至るような計算を行う．そのため，定常状態に至るまでの計算回数が膨大になる．定常状態のみの解析が可能なソフトウェアとして SIMPLIS がある．

SIMPLIS は SPICE の収束性を上げるために開発されたシミュレータであり，とくにスイッチング電源回路が扱いやすくなっている．

(4) 制御特性の解析

パワーエレクトロニクス回路の制御特性を解析する場合，制御系の設計ツールが利用できる．このような目的では MATLAB/Simulink が使われる．

MATLAB/Simulink はブロック図により表現され制御系の動作を解析する．制御系のソフトウェアとしては一般的である．そのため他のソフトウェアとリンクさせて使うことも多い．市販品ではパワーデバイスモデルなども含まれているものもある．

(5) 交流電源の解析

パワーエレクトロニクスを交流電源として電力系統での動作を問題にする場合，EMTP (Electro Magnetic Transient Program) が用いられる．EMTP はもともと電力系統の解析用に開発されたソフトウェアである．電力系統解析用のため発電機，電動機のモデルやサージの取扱いも組み込まれている．電力系統，回転機などを含めた解析に適している．

伝達関数も扱えるので制御系も取扱い可能である．また，理想スイッチが取扱えるので，スイッチング動作も表すことはできるが限界がある．EMTP 系シミュレータはライセンスフリーの ATP をはじめ，市販のソフトウェアが数多く存在している．

(6) その他

そのほかの各種のソフトウェアについて述べる．

Saber はシステムレベルのシミュレータである．Saber は動作を記述したモデル構築用言語 (MAST：Modeling Analog System with Template) を用いている．そのため，電気系のみならず，機械系，ディジタル系，アナログ系，OP アンプなどの各種の動作を記述できる．したがって電気・機械系の連成解析が可能である．

SIMPLORER はパワーデバイスのモデルとして等価回路モデル，非線形抵抗モデル，SPICE モデルなどを選択できる．またディジタルアナログ混在回路の解析も可能である．

PLECS は理想スイッチモデルを使ったシミュレータである．もともと MATLAB /Simulink に組み込むために開発されたものであるが，これだけでもシミュレータとして利用可能である．

(7) リアルタイムシミュレータ

リアルタイムシミュレータとは実際の回路のシミュレーションを実際の動作時間で行う技術である．制御部分をシミュレータで行い，実際の主回路や負荷を動作させると制御について解析評価ができる．このようなシミュレーションを HILS (Hardware In the Loop Simulation) という．HILS は簡単には実験できないような装置を対象とする場合に使われる．

以上のようにパワーエレクトロニクスの解析に用いることができる種々のソフトウェアがある．しかしそれぞれのソフトウェアに向いている動作状態がある．一つのシミュレーションではパワーエレクトロニクスのすべての動作を明らかにすることができない．対象とする現象にふさわしいソフトウェアとシミュレーション条件の選択が必要である．

第12章の演習問題

12.1　インターネットからデモ版などの無料で使うことのできるシミュレーションソフトウェアをダウンロードし，各自で降圧チョッパの回路を動作させてみよ．

12.2　インバータとモータの間の配線が長い場合，その長さを表すのにどのようなモデルが必要か考えてみよ．

12.3　パワーエレクトロニクス回路で電動機を駆動する場合，電動機を電気回路で表した等価回路で表すことが多い．次の電動機の等価回路を描け．

(1) 永久磁石直流電動機

(2) かご形誘導電動機

(3) 同期電動機

13 電源への応用

パワーエレクトロニクスは電気エネルギーを利用するために電力を制御する技術である．パワーエレクトロニクスはエネルギー変換器を駆動する．これにより電気エネルギーを熱，光などの他の形態のエネルギーとして利用できるようになる．このときパワーエレクトロニクスは電源 (power supply) とよばれる．さらに制御した電力をエネルギー変換せずに，そのまま電気エネルギーとして利用することがある．そのような機器も電源とよばれる．電源は電力を安定して供給する大切な機能を持つが，目立たず，縁の下の力持ちのような回路であり，機器である．

13.1 直流電源

ほとんどの電子機器は 5 V，3 V などの低電圧の直流電源により動作する．また電動機やその他の機器も直流電源で動作するものもある．ここではこれらに直流電力を供給する直流電源について述べる．直流電源は出力の電圧，電流を一定に保つことを目的とするもののほか電圧，電流を可変して制御するものがある．

13.1.1 直流電源とは

一般的な直流電源回路の構成を図 13.1 に示す．図 (a) に示すのは，交流 100 V を直流に変換し，得られた直流 141 V を降圧チョッパで低電圧に降圧するとともに安定化制御する回路である．図 (b) には変圧器を使って交流電圧のまま降圧してから直流に変換する方式を示す．この方式は交流で低電圧に変換されているため，チョッパで制御する電圧の範囲が狭い．そのため高精度に制御できる．なお，何種類もの直流電圧に変換する場合，この方式で変圧器の 2 次巻線を複数巻けば多出力の変圧器となる．図 (c) には直流配電方式を示す．50 V 程度の直流電圧を各回路に供給し，降圧チョッパで各回路に必要な電圧に変換する．

電源回路に必要な機能は必要な直流電圧に変換することのほかに，負荷電流が変化しても電圧が変化しないという安定化の機能が要求される．このような電源回路はあらゆる電子機器に必ず使われている．

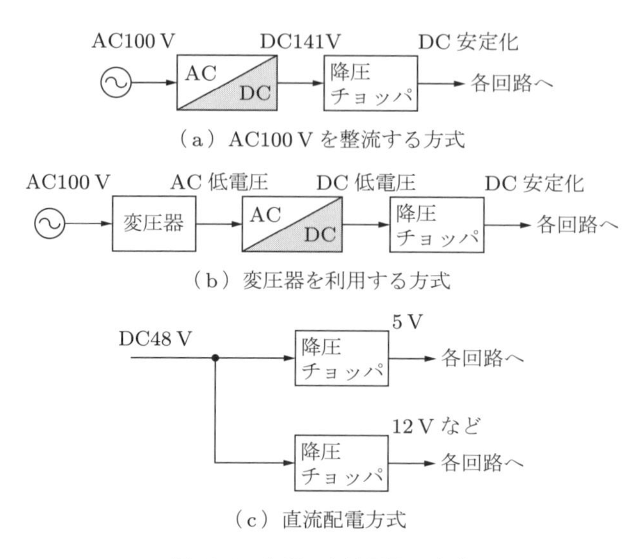

（a）AC100 V を整流する方式

（b）変圧器を利用する方式

（c）直流配電方式

図 13.1　各種の直流電源の方式

13.1.2　直流の安定化回路

電源の出力する直流電圧を定電圧化する方法にはさまざまな方法が考えられる．しかし実際にはシャント (shunt) 形またはシリーズ (series) 形という二つの回路がほとんどを占めている．

シャント形，シリーズ形の基本回路を図 13.2 に示す．図のいずれの回路でも可変抵抗 R_s，R_p を変化させれば負荷抵抗 R の両端の電圧が変化する．可変抵抗 R_s を負荷に直列に入れた場合をシリーズ形，可変抵抗 R_p のように並列に入れた場合をシャント形とよぶ．抵抗を可変にするためには実際に可変抵抗を用いて抵抗値を変化させることも可能であるが，5.1 節で述べたようにトランジスタの内部抵抗を可変することにより行うことができる．

シャント形の場合，トランジスタを使わずに受動素子のみで定電圧回路が構成できる．図 13.3 にツェナーダイオード (Zener diode) による定電圧回路を示す．ツェナー

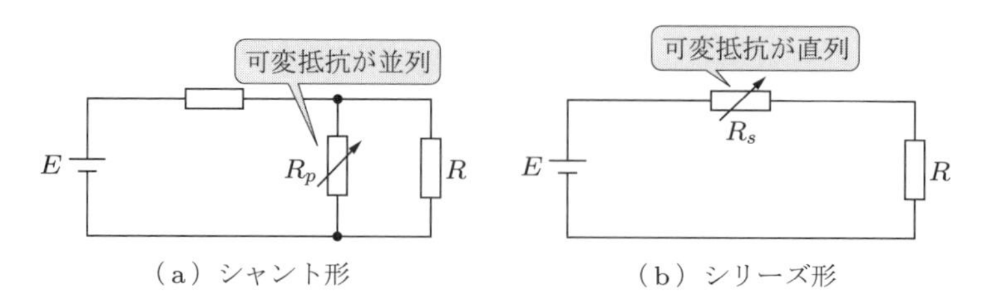

（a）シャント形　　（b）シリーズ形

図 13.2　代表的な直流安定化回路

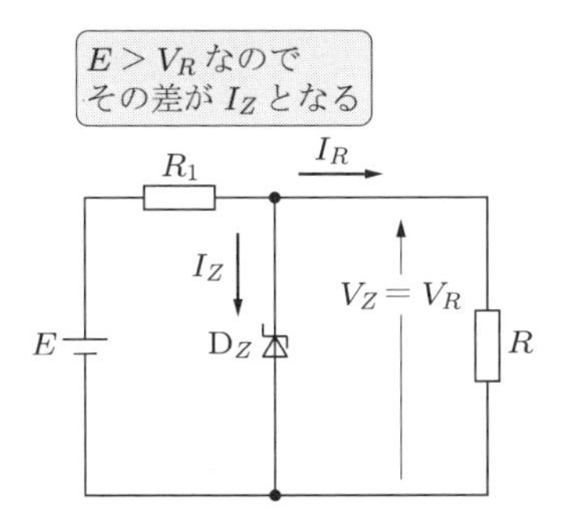

図 13.3　ツェナーダイオードによる電圧の安定化

ダイオードとは，逆方向の電圧がツェナー電圧 V_Z を超えると導通し，それ以下の電圧だと遮断するダイオードである．そのため，ツェナーダイオードは逆方向に電流が流れているとほぼ一定な電圧（ツェナー電圧）が両端に現れるという性質を持っている．

負荷抵抗 R に流れる電流は $E > V_Z$ であれば常に，

$$I_R = \frac{V_Z}{R} \tag{13.1}$$

V_Z：ツェナー電圧
R：負荷抵抗
I_R：負荷抵抗に流れる電流

である．ツェナーダイオードを流れる電流は $(E - V_Z)$ に比例する．ツェナーダイオードを流れる電流 I_Z を制限するために R_1 が入れられている．この回路ではツェナーダイオードのツェナー電圧 V_Z の精度がそのまま出力電圧の安定化の精度となる．ツェナーダイオードは電圧が一定になるように抵抗値が変化すると考えてよい．なおツェナーダイオードには常時電流が流れており，出力される電力以外の余剰電力は熱として消費される．

類似の原理を使った回路に 3 端子レギュレータ (3-terminal regulator) がある．この機能を持つ IC も市販されている．図 13.4 に 3 端子レギュレータによる定電圧回路を示す．3 端子とは入力端子，出力端子および GND 端子である．3 端子レギュレータは内部に基準電圧を持ち，出力電圧を一定に保つように一種の可変抵抗としてはたらいている．出力電圧以上の入力電圧は 3 端子レギュレータ内部で熱に変換される．これが損失になる．損失 P_C は次のように表される．

$$P_C = (E - V_R)I_R \tag{13.2}$$

I_R：負荷電流
V_R：出力電圧
E：入力電圧
P_C：損失

ツェナーダイオード，3端子レギュレータとも出力電圧は外部から自由に可変できず，回路により固定される．また損失による発熱もある．しかし手軽に一定電圧が得られるのでプリント基板上などの小容量電源に多く用いられている．

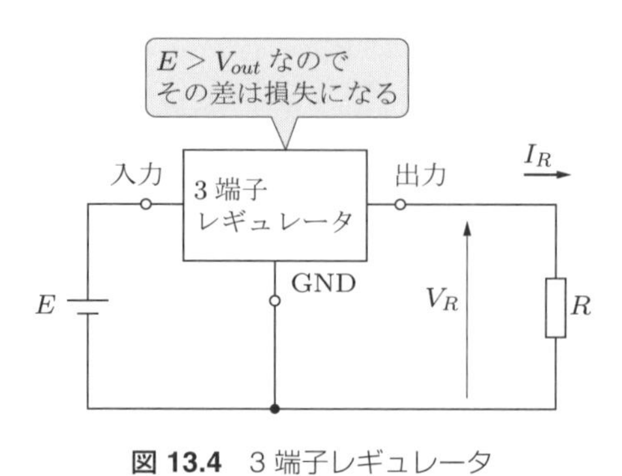

図 13.4　3端子レギュレータ

13.2　スイッチング電源

スイッチング電源 (switching power supply) とは第5章で述べた直流変換回路の総称であるが，一般には絶縁型回路をさすことが多い．これに対応させて非絶縁型回路をチョッパとよぶことがある．

13.2.1　非絶縁型スイッチング電源

非絶縁型スイッチング電源の代表は第3章で述べたチョッパである．チョッパは図13.2で示したシリーズ形，シャント形の可変抵抗に代えて用いることができる．チョッパ回路では入力と出力のマイナス側は共通であり，入出力は絶縁されていない．

チョッパなどの非絶縁型の電源は単独で使われることもあるが，間接電力変換装置の一部として用いられることが多い．すなわち他のパワーエレクトロニクス回路と組み合わせた際の直流電圧の調整に用いられる．

チョッパは電車の駆動に一時広く使われた．また携帯機器などの小型の直流電動機はチョッパで駆動制御されているものが多い．電動機制御については第14章で詳しく述べる．

13.2.2　絶縁型スイッチング電源

絶縁型のスイッチング電源はスイッチングレギュレータ (switching regulator) ともよばれ，直流の定電圧電源として各種電子機器の電源などに広く活用されている．絶縁型電源は5.3節で述べたように変圧器を用いて出力制御する直流変換回路を用いた電源である．回路に変圧器があるため，入出力が絶縁されている．

スイッチングレギュレータではスイッチング周波数が高いほど変圧器，コンデンサなどの受動部品を小さくできる．そのため，小型のスイッチング電源では数100 kHzのスイッチングも用いられる．スイッチング周波数が高い場合，スイッチのパワーデバイスにはMOSFETが使われることが多い．スイッチングレギュレータはプリント基板に実装するような1 W以下の電源用ICから数10 kWの電源装置まで市販されている．

直流電源の応用として身近なものではノートパソコンなどに使われるACアダプターがある．これは交流から直流への電力変換を行っている．商用電源の交流100 Vを直流に変換し，9 V，13 Vといった機器の電圧に変換して供給するものである．

また携帯電話などの充電器も直流電源である．充電器ではバッテリに入力する直流電圧だけでなく電流も制御している．図13.5に携帯機器用のリチウムイオン電池の充電制御の方法を示す．充電の初期は定電流制御を行い，後期は定電圧制御を行っている．制御方法は充電時間の短縮，電池の消耗，充電器の容量などさまざまな観点で決定されている．

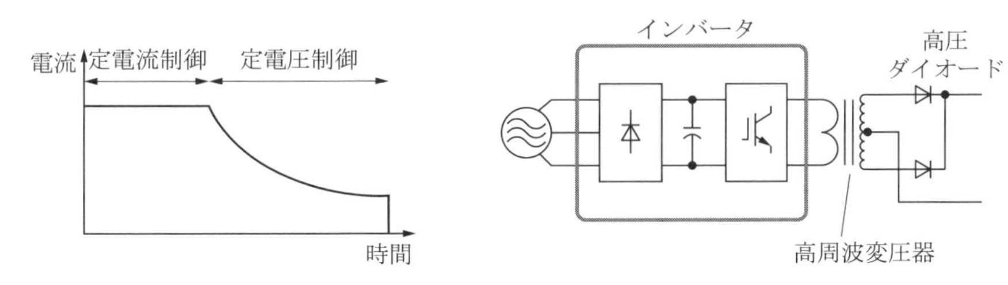

図13.5　リチウムイオン電池の充電制御

図13.6　高電圧直流電源

さらに大容量の電源の場合，図5.15に示したように単相インバータで高周波の交流を発生させ，変圧器を介して直流に整流する方式が取られている．このとき，変圧器の昇圧比を大きくすれば高電圧を得ることもできる．放電加工，X線の発生などの高電圧の直流電源に使われる．図13.6に高圧電源の回路を示す．X線発生装置は150 kVの高電圧を発生させている．またMRIに用いられる高圧電源は30 kWの出力である．

13.3　交流電源

交流電源は交流を制御して出力する電源である．周波数を変更しないで電圧のみ変更する電源は交流電力調整とよばれる．また周波数と電圧を同時に変更する電源もある．

13.3.1　交流電力調整

サイリスタを使った位相制御による交流電力調整（第8章で説明）は白熱灯の調光やヒーターの発熱調節に用いられている．身近な製品ではコタツやホットプレートなどの温度調節に用いられている．

この原理は三相回路でも同様に用いられる．逆並列に接続されたサイリスタを用いた三相の電力調整回路を図13.7に示す．工業用ヒーターなどに使われる．大容量ではサイクル制御が使われている．

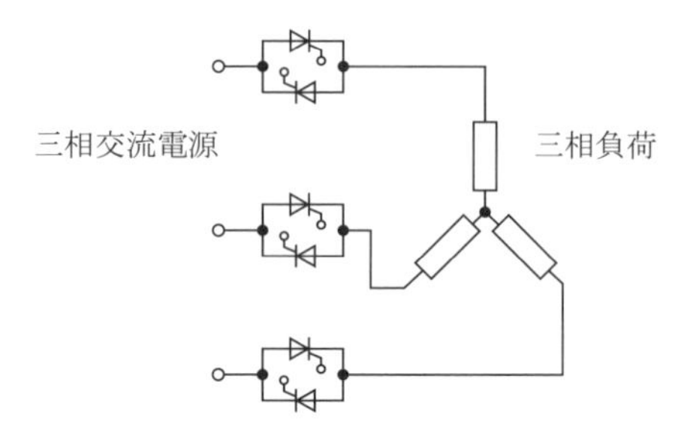

図 13.7　三相交流電力調整回路

この原理を用いて導通・非導通を切り換えれば，この回路はACスイッチとしても使用可能である．ソリッドステートリレー (SSR : Solid State Relay) とよばれるものは接点を使わずにパワーデバイスを使った双方向スイッチにより回路を開閉している．接点の動作音が問題になる場合や開閉頻度が多い場合などに使われる．

13.3.2　CVCF電源

CVCF (Constant Voltage Constant Frequency) 電源とは定電圧，定周波数の交流を供給する電源である．直流で発電された電力を商用電源に供給する場合や商用電源の代わりの独立電源 (stand-alone power supply) として交流電力を利用するために用いられる．通常はインバータにより交流電力に変換する．

CVCF電源を独立電源として用いる場合は一定の電圧，周波数に保つように制御することが必要である．一方，商用電源と接続する場合，電力系統と協調することが必要とされる．このような技術を系統連系 (grid inter connection) という．系統連系している場合には電力系統の周波数，電圧に同期するように制御することが必要とされる．

CVCF電源の例として分散型電源に使われる系統連系インバータについて述べる．太陽電池，燃料電池などの新しい発電方式は直流電力を発電するものが多い．またバッテリをはじめとする電力貯蔵システムなどもその多くが直流電力を貯蔵するものである．風力や波力などの自然エネルギーを利用した発電システムではさまざまな周波数の交流が発電される．このようなときは系統連系インバータにより商用周波数に変換して利用する．

住宅用太陽電池発電システムは住宅の屋根に太陽電池パネルを取り付け，太陽の光エネルギーを電力に変換するシステムである．系統連系すれば住宅内で使用しきれない余剰電力は電力会社が買い取るようになっている．システムの概要を図 13.8 に示す．図にあるように双方向の電力量計が設置され，余剰電力を電力会社に売り，不足電力は電力会社から買うようなしくみになっている．屋根に太陽電池パネルを取り付ける住宅用の標準的なもので最大出力 3 kW 程度の発電が可能である．ただし，最大出力が得られるのは太陽光がパネルの真正面から当たる場合である．すなわち最大出力は夏至などの南中時に得られる．

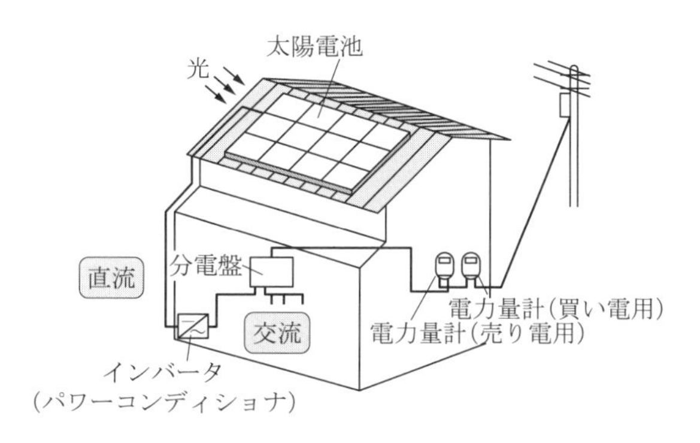

図 13.8　住宅用太陽光発電システム

太陽光発電用のパワーエレクトロニクスシステムは通称パワーコンディショナ (power conditioner) とよばれる．図 13.9 に主回路の例を示す．太陽光の状況により発電量が変動するため，昇圧チョッパにより直流電圧を昇圧して安定化させている．パワーコンディショナの出力は単相 3 線式の 100/200 V 系統に接続されている．そのため昇圧チョッパにより直流電圧は 400 V 以上に昇圧される．インバータ出力にはフィルタ回路が備えられ，インバータで発生した高調波を系統に流出させないようにしている．市販のものはインバータ効率が 95%以上であり，太陽光を有効利用するように設計されている．

無停電電源装置 (UPS：Uninterruptible Power Supply) は情報機器などに使われ，一瞬の電源瞬断もないように常時待機している CVCF 電源である．

UPS の基本システムについて図 13.10 により説明する．図 (a) に示した常時インバータ給電方式 (on-line type) は使用する電力すべてを直流に変換してインバータにより再度交流に変換して供給する．この場合，停電があっても，停電とは無関係にバッ

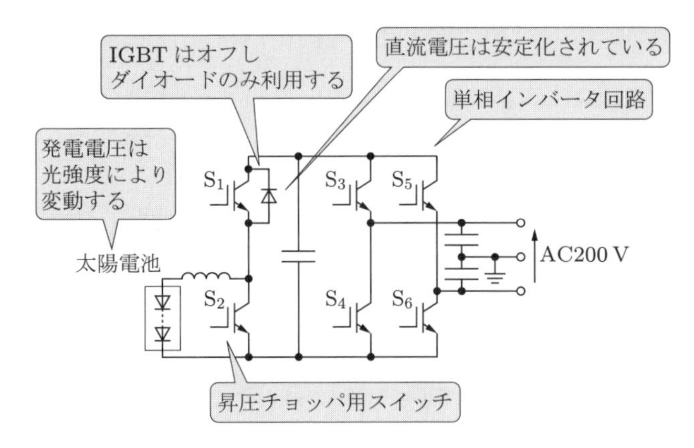

図 13.9　太陽光発電用パワーコンディショナ

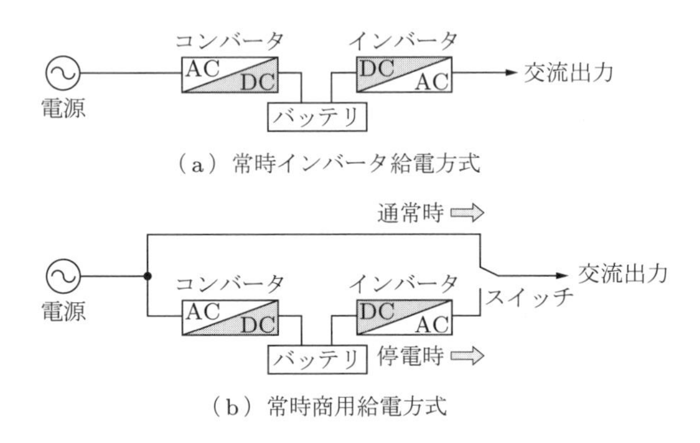

図 13.10　UPS（無停電電源装置）の原理

テリの交流電力を使うことができる．この方式は送電線へ落雷があったとしても，送電線に流れる雷電流によるノイズも侵入しない．そのため大規模データセンターや通信設備などではこの常時インバータ給電方式が使われている．一方，図 (b) の常時商用給電方式 (stand-by type) は停電になったときに即座にバッテリに切り換えるしくみになっている．この方式は安価に実現できるので個別のパソコンや機器などに接続されて使用される．スイッチ切り換え時に一瞬停電したり，電圧が急変したりすることがある．

効率，保守，信頼性などを考え，常時商用供給方式，保守用バイパス付加方式，複数 UPS 方式など，多種多様のものが実用化されている．一般に UPS の停電補償時間は 10 分のものが多い．これは非常用発電設備 (emergency generator) との関係からきている．すなわちエンジンなどを使った非常用発電システムが電力を供給できるまで UPS が電力を供給できるようにしている．なお，UPS は系統と連系しているが，系統が停電した際には系統と遮断し，構内へは電力を供給するが系統へは電力を供給しない．

周波数と電圧を制御する VVVF 電源はモータの制御によく使われるので 14.2 節で述べる．

13.4 高周波電源

パワーエレクトロニクスにより高周波の大電力への変換も容易に行えるようになった．その例として蛍光灯の点灯がある．蛍光灯にはインバータが使われている．蛍光灯は管内のアーク放電の光を利用している．蛍光灯が商用電源で点灯している場合，プラスマイナスの極性が入れ替わるので 1 秒間に 100 または 120 回のアーク放電の点滅を繰り返している．蛍光灯には周波数上昇とともに発光効率が向上するという特性がある．そこでインバータを用いて高周波で点灯させる．図 13.11 に蛍光灯用共振形インバータの主回路を示す．図に示すようにパワーデバイスの数により 1 石式，2 石式といわれている．インバータは LC 共振の周波数で動作する．多くのものは数 10 kHz で動作している．明るさを調節する場合，定常点灯の周波数より高い周波数に調節され，電流を低下させる．

水銀灯などの HID ランプ，ネオンランプなどにもインバータが用いられている．それぞれのランプの特性にふさわしい周波数で動作するインバータが採用されている．なお，LED は直流で点灯するものもあるが，高周波のパルスで直流電流を断続させて点灯するものもある．LED のパルス点灯は調光の制御が行いやすい．

電磁調理器（IH クッキングヒータ）は誘導加熱 (Induction Heating) により鍋を発熱させて調理する機器である．コンロや炊飯器などに使われている．図 13.12 に高周波誘導加熱を使った IH クッキングヒータの原理を示す．加熱コイルに高周波電力を供給し，高周波の磁界を発生させる．高周波磁界が鍋の金属に入り込むと誘導起電力

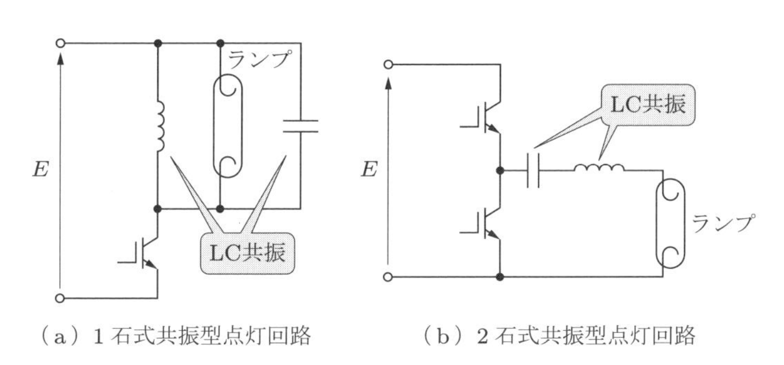

（a）1 石式共振型点灯回路　（b）2 石式共振型点灯回路

図 13.11 蛍光灯点灯用インバータ

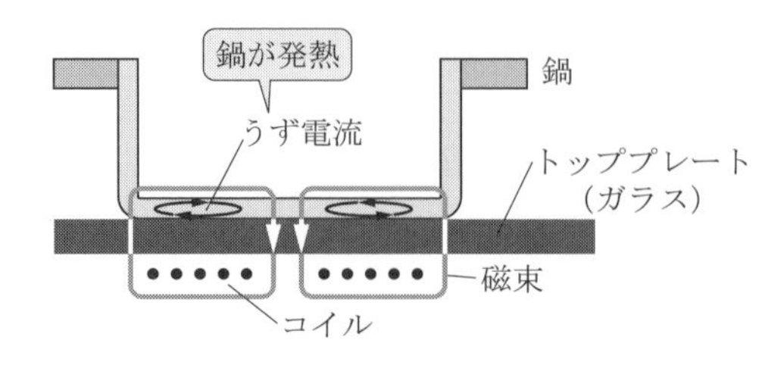

図 13.12　IH クッキングヒータの原理

により金属内部にうず電流が流れる．うず電流のジュール熱により鍋自体が発熱する．共振形インバータは加熱コイルのインダクタンスと共振コンデンサの LC 共振の周波数で駆動される．動作周波数は 20〜50 kHz，家庭用の調理器では出力は 1.4 kW 程度である．

産業用の誘導加熱電源も同様の原理である．金属の溶融，溶接，熱処理などに数 1000 kW にも及ぶ高周波インバータが利用されている．誘導加熱は急速加熱，局部加熱などが可能で加熱効率が高いので金属，鉄鋼ばかりでなく各種の産業で利用されている．

13.5　電力系統への応用

発電，送電，変電を行う電力システムには古くからパワーエレクトロニクスが応用されてきた．

東日本の 50 Hz，西日本の 60 Hz の電力を融通するための周波数変換設備というものがある．ここにもパワーエレクトロニクスが使われている．周波数変換は交流をいったん直流に変換して，インバータで他方の交流周波数を出力する．佐久間，新信濃，東清水などに周波数変換所がある．50/60 Hz の電力を交互に流通させるため周波数変換能力の増強が図られている．図 13.13 に周波数変換設備の回路を示す．ここで主回路に用いられているのは光点弧サイリスタである．他国では国内の周波数が統一されて

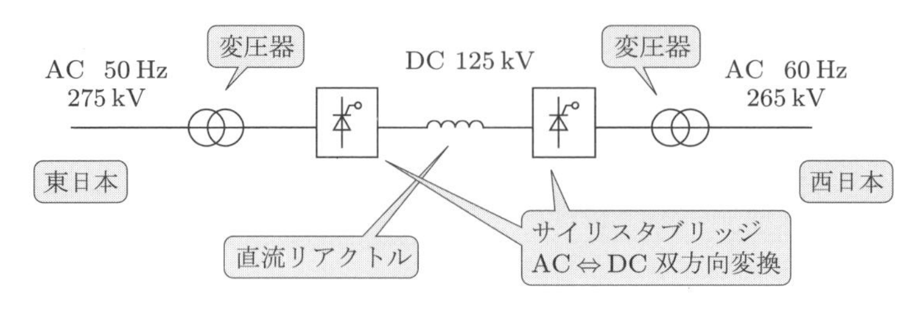

図 13.13　周波数変換設備

いるところが多いので，大容量の周波数変換設備はわが国特有のものであり世界でも珍しい設備である．

本州－四国，本州－北海道などの間は海底ケーブルで直流送電されている．海水は誘電率が高いため，海水のキャパシタンスによる無効電流が大きくなり，それがジュール熱となってしまう．これを交流損失という．そのため，送電側で交流を直流に変換し，送電後はインバータにより再度交流に変換される．本州－四国間は直流 500 kV で 140 万 kW の送電容量がある．本州－北海道間は 30 万 kW の送電容量である．図 13.14 に直流送電のルートを示す．

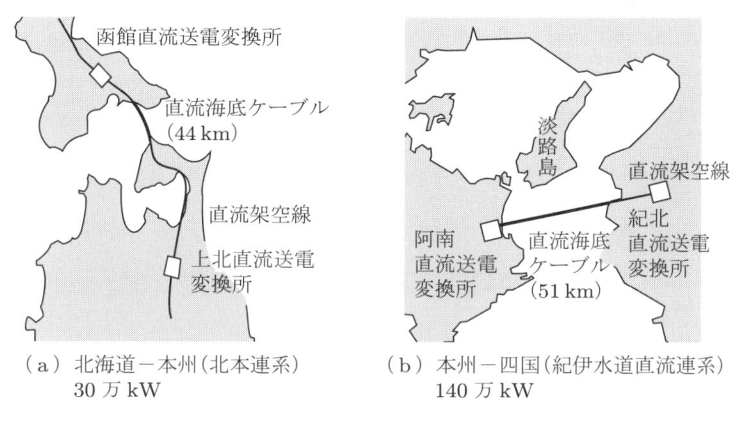

（a）北海道－本州（北本連系）
30 万 kW

（b）本州－四国（紀伊水道直流連系）
140 万 kW

図 13.14 直流送電ルート

電力系統の安定度を向上させるために無効電力を注入することが行われる．このために従来から使われているのが静止形無効電力補償装置 (SVC : Static Var Compensator) である．図 13.15 に SVC の原理を示す．コンデンサの進み無効電力とリアクトルの遅れ無効電力を系統に供給する．サイリスタによる入り切りでオンオフ制御を行っている．系統の無効電力を調整できるので負荷の急激な変化があっても電圧を維持したり，系統事故での変動を小さくしたりできる．これを電力系統の安定度が増す

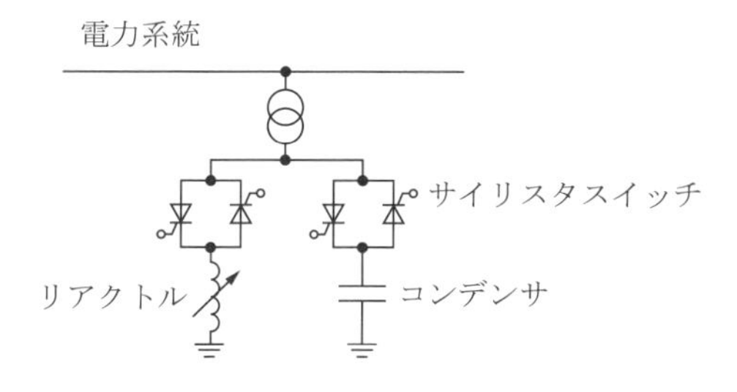

図 13.15 SVC の原理

という．このサイリスタを位相制御することにより連続的に無効電力量を制御するものも使われている．

インバータを用いて積極的に無効電力を調整するものは STATCOM (STATic synchronous COMpensator) とよばれる．インバータにより系統の交流周波数・位相と一致した交流を作り，連系装置を介して系統につなぐ．このとき，インバータは無効電力のみ出力し，有効電力は系統に出力しない．このインバータは直流電源の電力をほとんど使用しない．

図 13.16 に STATCOM の回路を示す．図 13.17 に原理を示す．系統の電圧に応じて出力電流の位相を調節する．インバータは IGBT などを用いた高速スイッチングによる PWM 制御を行う．非常に高速な制御が可能なのでサイリスタを使用した SVC と比べると高調波の発生が少ない．

STATCOM は受電側で負荷変動の対策に設置する場合と電力設備側で安定化を図るために設置する場合がある．数 100 kVA のものから数 10 万 kVA のものまで利用されている．このようにパワーエレクトロニクス機器を利用した電力系統を FACTS

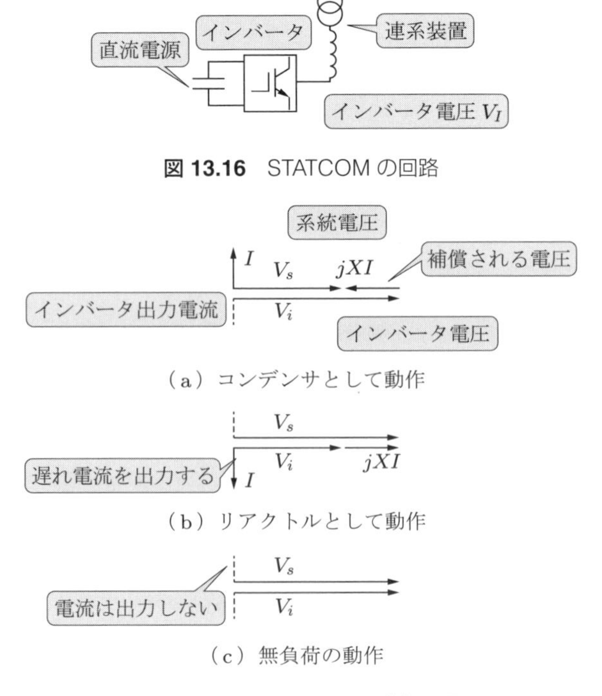

図 13.16　STATCOM の回路

(a) コンデンサとして動作

(b) リアクトルとして動作

(c) 無負荷の動作

図 13.17　STATCOM の動作原理

(Flexible AC Transmission System) とよぶ．これはパワーエレクトロニクス機器を使って，高速に電力制御することにより電力潮流を柔軟に制御する電力伝送網という概念である．

第13章の演習問題

13.1　3端子レギュレータを次の条件で用いるとき，最大の損失を求めよ．

入力電圧：27 ± 4 V

出力電圧：5 V

出力電流：最小 70 mA，平均 210 mA，最大 1000 mA

13.2　本文式 (5.5) で与えられるバイポーラトランジスタのコレクタ損失が最大となる条件と，そのときの損失を求めよ．

13.3　ある住宅に取り付けられた太陽電池パネルの発電電圧は日射量に応じて直流 150 V から 550 V で変動する．このパネルに取り付けられたパワーコンディショナ（図 13.9）が単相交流 202 V ± 12 V で電力系統に連系するためには，パワーコンディショナ内部の昇圧チョッパの昇圧比（出力電圧 / 入力電圧）の最大値，最小値を求めよ．

電動機制御への応用

わが国で発電した電力の最終的な消費の半分以上が電動機である．電力利用の内訳を図 14.1 に示す．電動機の多くはパワーエレクトロニクスにより制御されている．電動機は日用品から社会設備まであらゆるところで広く利用されている．ここでは電動機に応用されるパワーエレクトロニクスについて述べる．

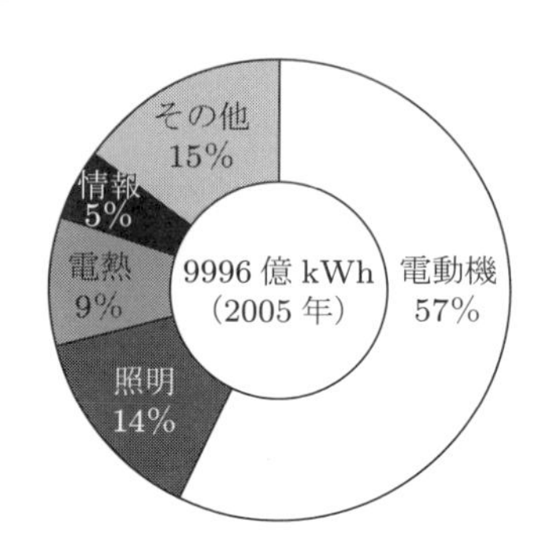

図 14.1　わが国の電力の最終利用先

14.1　電動機の制御とは

電動機の一般的な制御システムを図 14.2 に示す．図において電動機の状態を示す信号が制御回路にフィードバックされている．これは電動機の状態に応じて制御・調節を行うためのものである．また電動機の負荷である機械からも制御回路にフィード

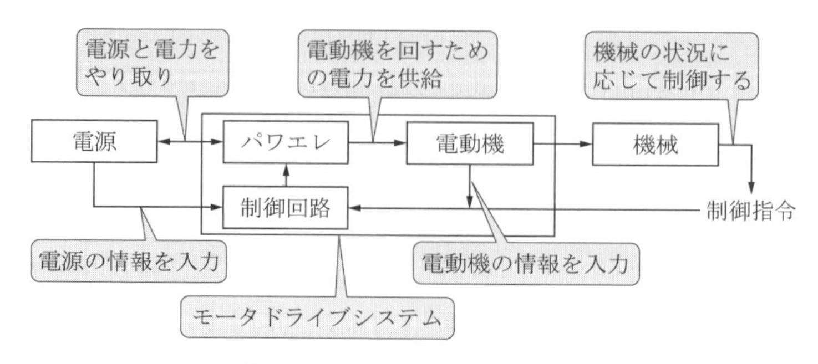

図 14.2　電動機の制御システム

バックされている．このように電動機を制御するということは単に電動機を制御することではなく，電動機で駆動する機械の状態を制御するために行うのである．

電動機の回転数を制御する場合，可変速駆動システム (ASD : Adjustable Speed Drive system または VSD : Variable Speed Drive system) とよばれる．高応答，高精度に制御するような場合，サーボシステム (servo system) とよばれる．また，最近ではこれらを総合してモータドライブシステムとよぶこともある．名称や目的が異なってもシステムの全体構成やパワーエレクトロニクス機器はほぼ共通である．名称が異なるのは用途，目的によって制御内容や方法が異なるためである．

電動機を制御するということは電動機の出力を調節することである．電動機の出力はトルクと回転数の積で表される．したがってパワーエレクトロニクスで行う電動機の制御とは電動機のトルクと回転数のいずれかを制御することである．図 14.3 に電動機の一般的な分類を示す．ここでは直流，交流という電動機に入力する電力の形態により分類している．電動機はパワーエレクトロニクスがない時代から実用化されてきたため，当時は使用する電源によって分類すると都合がよかったからである．しかし，パワーエレクトロニクスで電動機を制御するようになってきて電力形態による分類はあまり重要でなくなってきている．パワーエレクトロニクスにより電力の形態は自由に制御できるのである．しかしここでは従来の分類に従って述べてゆく．

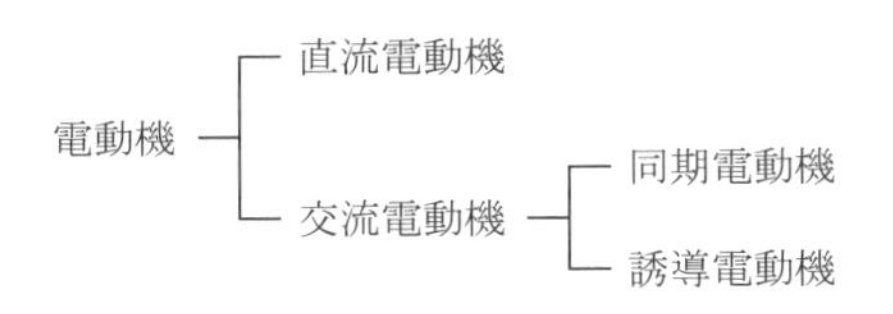

図 14.3　電動機の分類

14.2　各種の電動機とその制御方法

各種の電動機はそれぞれの電動機の原理と用途に応じた制御が行われている．図 14.4 には各種の電動機の代表的な制御とパワーエレクトロニクスの回路構成を示してある．

直流電動機は供給する直流電圧を調節することにより回転数を変化させることができる．回転数の変化は負荷のトルク特性に応じて決まる．電流は負荷のトルクによって決まる．このような回転数のみの調節は図 (a) のようにチョッパにより電機子の直流電圧を可変すれば実現可能である．

直流電動機をブレーキとして使うとき，発電機として動作させ，負荷の運動エネルギーを電気エネルギーに変換して回収するのが回生制動 (regeneration brake) である．

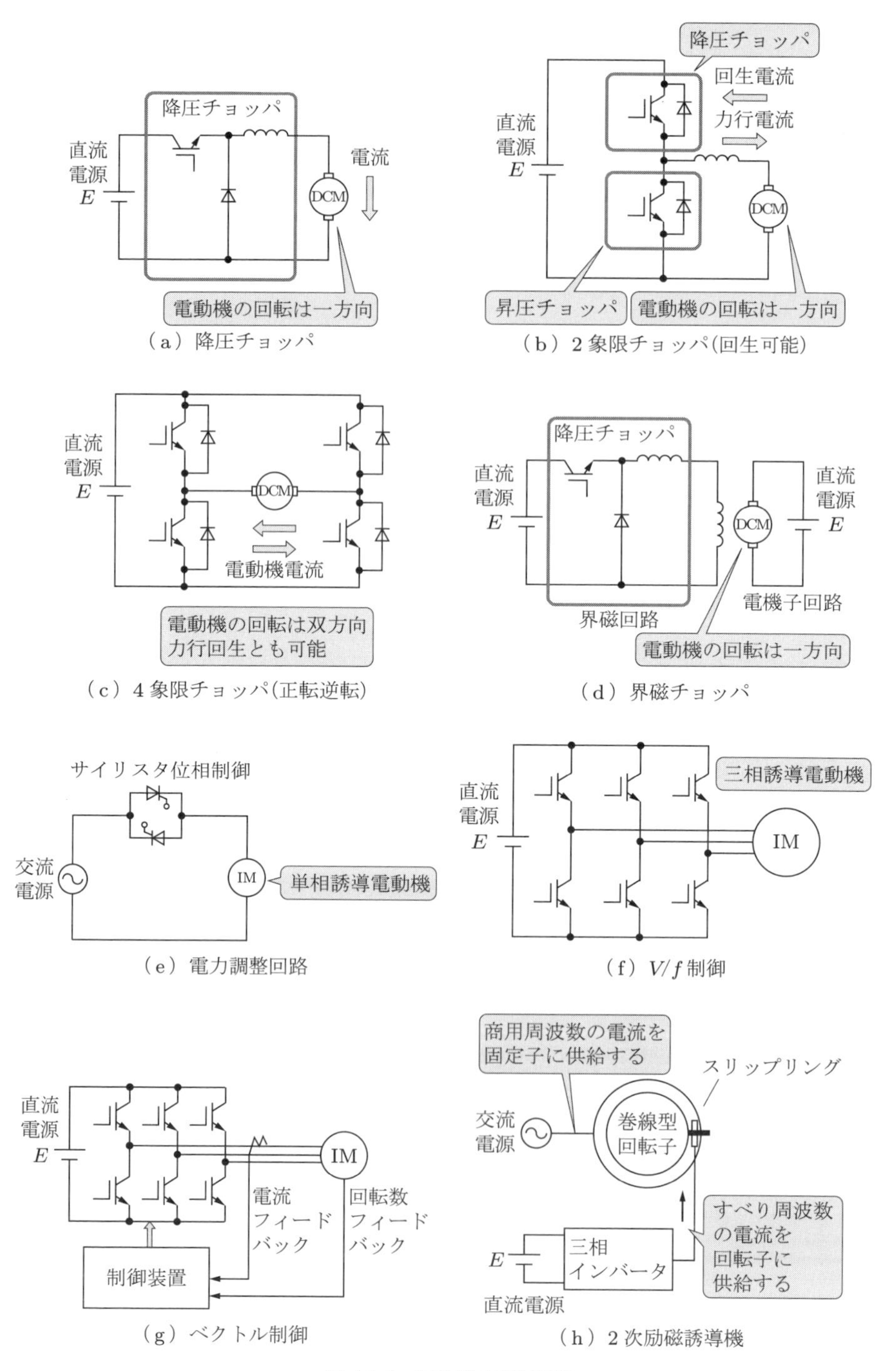

図 14.4 電動機の制御回路

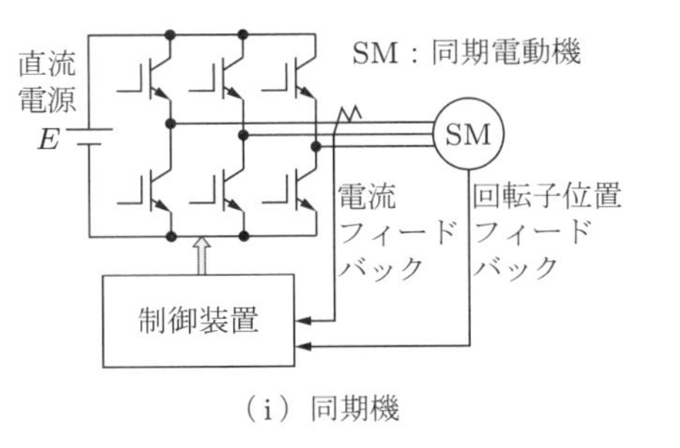

（i）同期機

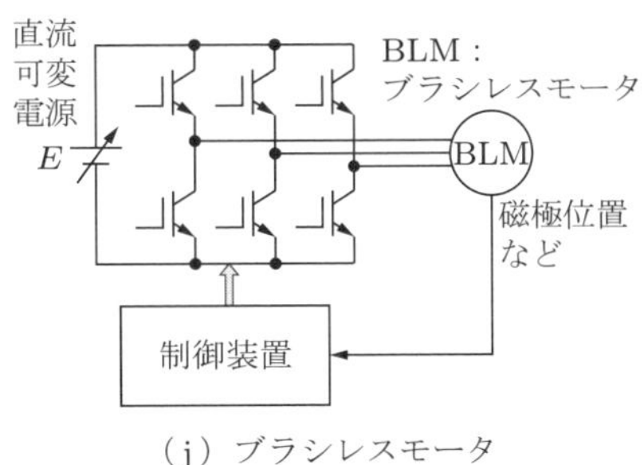

（j）ブラシレスモータ

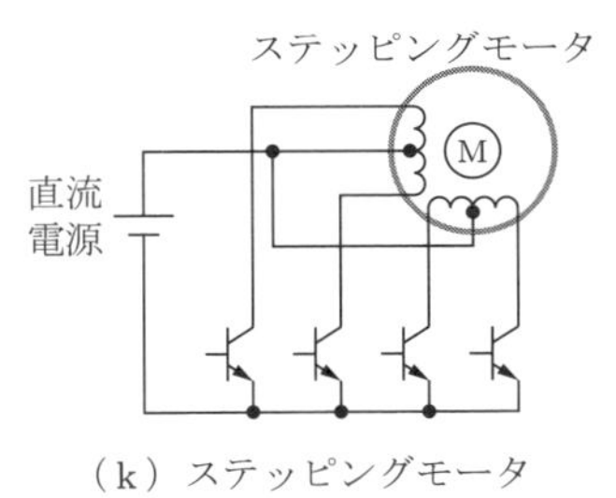

（k）ステッピングモータ

図 14.4　電動機の制御回路（つづき）

回生制動するためにはチョッパに双方向の電流を流す必要がある．図 (b) に示すような双方向チョッパ（2 象限チョッパ）を用いれば回生が可能である．

直流電動機の回転方向は電流の方向で決まる．スイッチにより電流の正負を切り換えることも可能である．パワーエレクトロニクスで正逆方向に制御するためには図 (c) のように H ブリッジ回路（4 象限チョッパ）を用いる．

巻線界磁の他励方式の直流電動機の場合，図 (d) のように界磁巻線回路のみにチョッパを設けて制御することも可能である．この方式の特徴はチョッパの容量が小さいことである．

直流電動機を制御するどの回路方式でもチョッパによりデューティファクタを制御して回転数やトルクの制御を行っている．このとき回転数，電流値などをフィードバックして電流や回転数に応じて制御すればさらに精度よく電動機が制御可能である．

誘導電動機の発生トルクは端子電圧に応じて変化する．この特性を利用すれば周波数が一定でも電圧制御によりすべりが変化するので回転数が調節可能である．図 (e) に示すような交流電力調整回路により実現できる．ただしこの方法は電動機効率が低く，回転数の制御範囲も限定される．

誘導電動機は周波数を可変すれば回転数が制御できる．誘導電動機には周波数と電圧の比 (V/f) を一定にすると電動機内部の磁束が一定になるという性質がある．これを利用すれば周波数を変化させても発生トルクはほぼ一定になる．図 (f) に示すようにこの駆動方法は電動機からのフィードバックが不要で，電動機にインバータを接続するだけで制御可能である．しかも誘導電動機を回転数の広い範囲で効率よく駆動できる．V/f 一定制御または VVVF (Variable Voltage Variable Frequency) 制御とよばれる．

誘導電動機の内部の磁束を制御するために電流の大きさと位相を調節する方法をベクトル制御とよんでいる．電動機内部の磁束をベクトル量として外部から制御するのでこのような名前がついている．このときすべりも調節することになるので高精度なトルク制御が可能である．そのためには図 (g) に示すように電動機の電流と回転数の詳細なフィードバックが必要である．

巻線形誘導電動機は回転子巻線を流れる電流が外部から供給できる．そのため，図 (h) に示すように，外部から回転子電流の周波数を制御すればすべりが制御できる．この方式ではインバータは回転子の電流だけを供給すればよいのでインバータが電動機に比べて小容量でよいという特徴がある．電動機の制御にも使われるが誘導発電機の制御によく使われる方法である．2 重給電型誘導機とよばれる．

同期電動機のトルクは内部相差角 δ に関係する．そこで誘導起電力，電流の振幅，位相を制御して内部相差角を調節すればトルクが制御できる．図 (i) に示すように電流と回転子位置の詳細な情報をフィードバックして電流の振幅と位相を制御すれば内部相差角が制御でき，精密なトルク制御が可能である．これは誘導電動機のベクトル制御と類似の制御方式である．

永久磁石を使った同期電動機は磁極の NS の位置に応じてプラスマイナスの電圧をオンオフすれば回転する．図 (j) に示すように回転子の磁極位置を検出し，磁極の NS に応じて自動的に電圧を加えるようにしたものがブラシレスモータである．このような構成にすると外部から印加する直流電圧の変化に応じて回転数が自動的に変化し，直流電動機と同じような特性が得られる．このことからブラシレス DC モータともよばれている．

ステッピングモータはパルス列を入力すると電動機のコイルに電流パルスを分配する専用ドライバを用いる．電動機の回転数はパルス列の繰り返し周波数により制御する．ステッピングモータと専用ドライバの主回路を図 (k) に示す．

電動機の制御について概要を説明したが，電動機の種類，用途が変わってもパワーエレクトロニクスで制御するのはいずれも電圧，電流および周波数であり，用いている主回路にはそれほど大きな違いはない．主回路をどのような考えで制御するかに違いがある．電動機制御で重要なのは制御内容であることを理解してほしい．

14.3 電動機制御の応用例

パワーエレクトロニクスで制御される電動機の応用例について代表的なものを分野に分けて説明する.

14.3.1 自動車への応用

電気自動車，ハイブリッド自動車などの電動車両の駆動には電動機が使われる．各種の電動車両を図 14.5 に示す．図 (a) の電気自動車はバッテリの電力のみを使って電動機で走行する自動車である．ハイブリッド自動車は電動機とエンジンも搭載している．図 (b) のパラレルハイブリッド自動車はエンジンと電動機の出力がそれぞれ駆動軸に接続されている．エンジンまたは電動機だけでも走行可能であるが，加速などには両者のトルクをあわせて利用する．図 (c) のシリーズハイブリッド自動車はエンジンで発電機を駆動し，その電力とバッテリの電力をあわせて電動機だけで走行する．図 (d) は燃料電池自動車である．燃料電池がシリーズハイブリッドのエンジンと発電機の役割を行う．これらの発電機，電動機には永久磁石同期機が使われている．

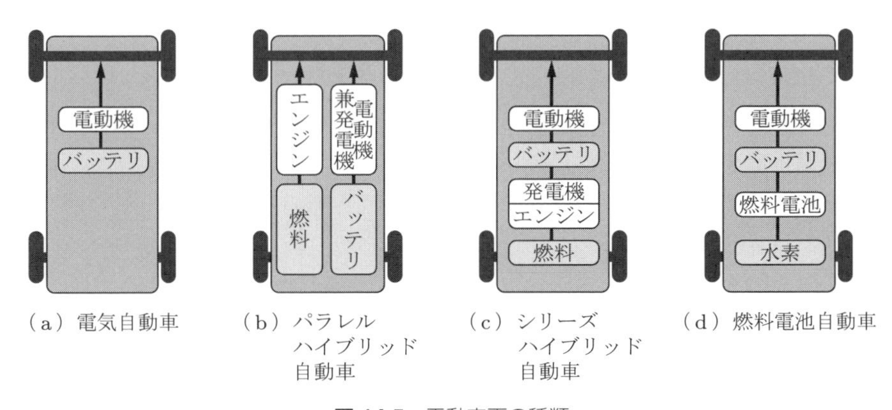

図 14.5　電動車両の種類

14.3.2 鉄道車両への応用

現在，わが国のほとんどの電車は誘導電動機を使っており，インバータにより制御されている．一般的な電車では車軸を 2 本持った台車が 1 車両に 2 組装着されている．電動機は車軸ごとに装着されており，1 両の車両で電動機が 4 台ある．図 14.6 に在来線の駆動システムの主回路を示す．図に示した車両ではインバータ 1 台で 1 車両分の誘導電動機（約 100 kW）4 台を一括制御している．電車の駆動システムは VVVF とよばれることが多いが，電動機の回転をフィードバックし，ベクトル制御により電

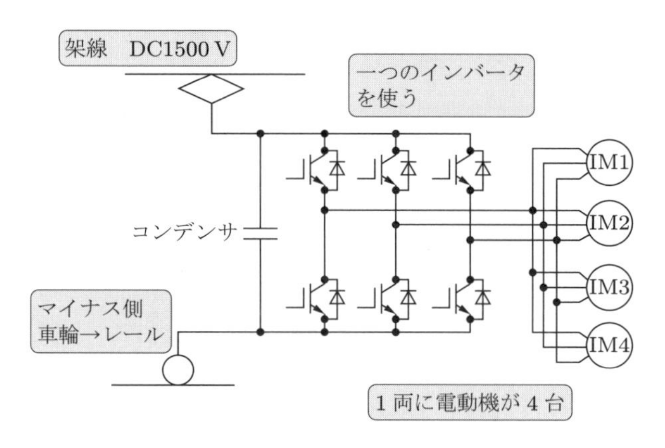

図 14.6　在来線電車の駆動システム

動機のトルクを制御している．在来線では架線から直流 1500 V の電圧が供給される．過去にはそのまま使えるパワーデバイスがなかったため，電動機を駆動するためのパワーエレクトロニクス回路にはさまざまな工夫を行ってきた歴史がある．しかし，現在では耐圧が 3000 V 級の IGBT が開発され，通常の回路で電動機制御が可能になっている．

一方，新幹線では架線から交流 25 kV が供給され，車上の変圧器により電圧を変更している．また新幹線では電動機の電圧を極力高くして電流を小さくするため，1800 V 級の電動機を使っている．そのため，図 14.7 に示すように定格電圧の低いパワーデバイスが使える 3 レベルインバータが使われている．1 組のコンバータ・インバータで 1 両分の 4 台の電動機 (275 kW) を一括制御している．新幹線車両の特徴は車上での

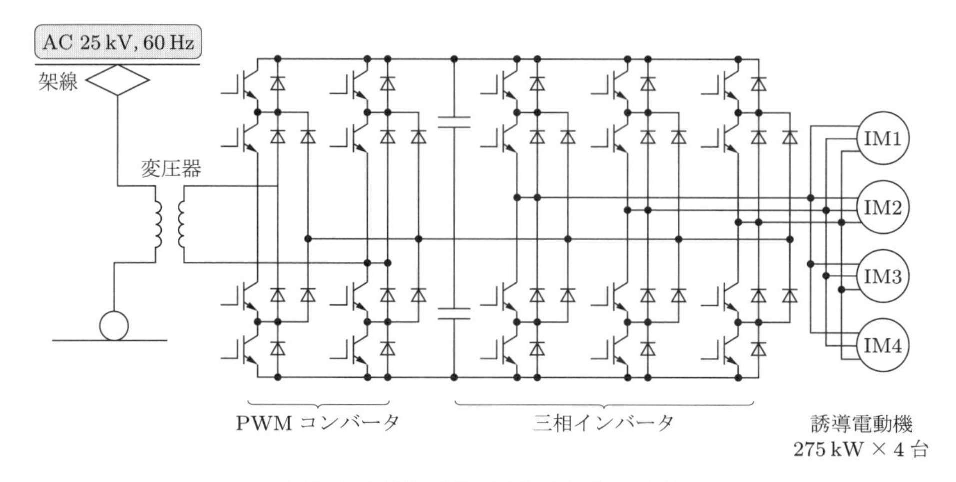

図 14.7　新幹線（N700 系）の駆動システム

交流から直流への変換に PWM コンバータを使用していることである．これにより入力電流が正弦波に近づき，高調波が低下する．このことは変電所の負荷を減らすので車両の運行密度向上にもつながっている．

なお，直流交流とも鉄道では架線が電源の一極となり，電源のもう一方は車輪を経由してレールが電源の極になっている．

14.3.3 社会・産業への応用

産業機械とは事業のために製品の製造に使われる機械である．産業機械は回転運動が動作の基本である．そのためほとんどの産業機械には電動機が使われている．パワーエレクトロニクスによる電動機の制御は実は産業機械の分野への応用から始まった．

重化学工業プラントでは大容量の電動機とパワーエレクトロニクスを使ったファンやポンプが多数使われている．鉄鋼プラントでは圧延機などに数 100 kW の大型の電動機制御システムが使われている．圧延機では精度よく鋼板の厚みを制御するためにベクトル制御の誘導電動機が用いられている．図 14.8 に鉄の圧延の原理を示す．同じような技術は，パルプから紙を作る製紙プラント，フィルムを延伸するフィルムプラントなどでも使われている．このような用途では誘導電動機または同期電動機を精密に制御している．

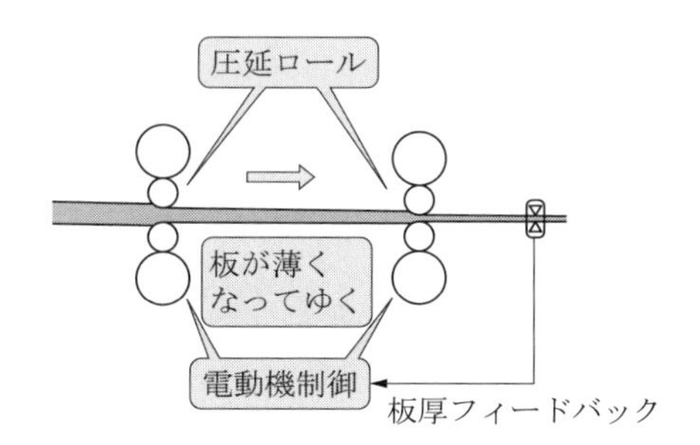

図 14.8 鉄の圧延の原理

一般産業ではコンベア，クレーンなどに中小容量の電動機制御システムが多数使われている．工作機械では研削物を回転させるための主軸をスピンドルとよぶ．なかには数 10 kW の電動機を数万 min^{-1} という高速回転で用いられるものもある．

新聞輪転機は 1 時間に 10 万部以上のカラー印刷を行う．輪転機の多数のロールを完全に同期させるために各ロールに電動機を配置し，50 台以上にも及ぶ電動機がわずかな印刷ずれもないように回転位相を完全に同期させて制御している．図 14.9 に新聞輪転機のしくみを示す．

エレベータはビルにはなくてはならないものである．エレベータの構造を図 14.10

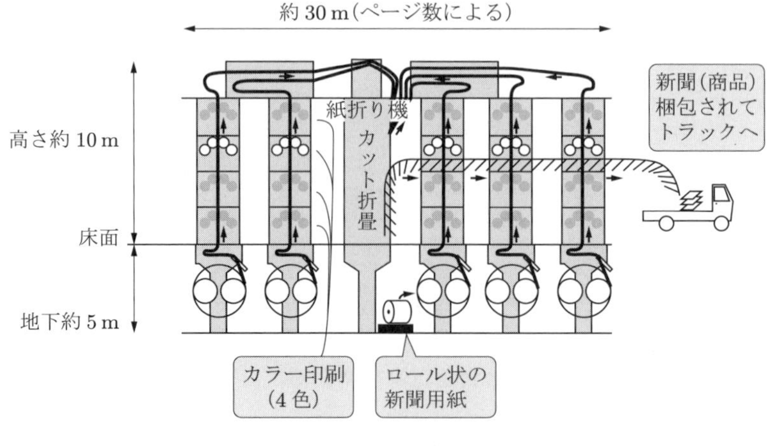

図 14.9　新聞輪転機

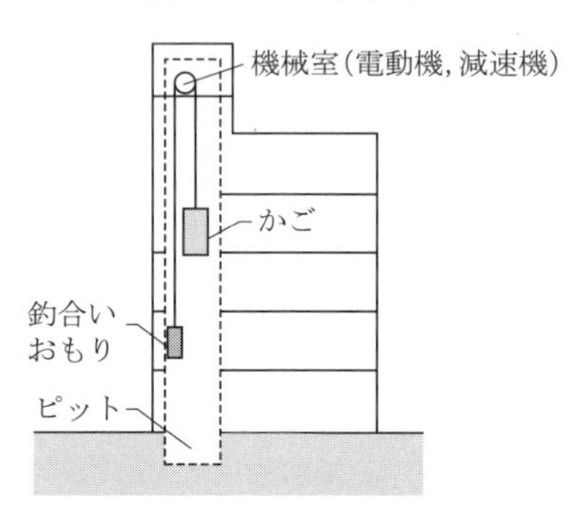

図 14.10　エレベータのしくみ

に示す．屋上の機械室に電動機が設置されロープを巻き上げてかごを移動させる．高層ビルに使われる高速エレベータには最高速度が60 km/hに達するものもある．しかも発停時にショックがなく，各階のフロアにぴったりと停止するように電動機を制御する．図14.11に高速エレベータで用いられているパワーエレクトロニクスの主回路を示す．この例では120 kWの誘導電動機を多重のインバータ・コンバータシステムで駆動している．降下時はエネルギー回生も行っている．近年は同期電動機を使ったエレベータが増加している．永久磁石同期電動機を用いることにより電動機を低速で運転することが可能になり，減速機が不要になる．これにより巻き上げ機が小型化し，屋上に機械室を設けなくてもエレベータが設置可能になっている．

電力分野では揚水発電所に可変速駆動システムが導入されてきている．図14.12に揚水発電所のしくみを示す．揚水発電所とは高低差のある二つの貯水池を持ち，昼間は上池から放水して発電し，発電用水は下池に貯める．夜間などの電力が余剰のとき，

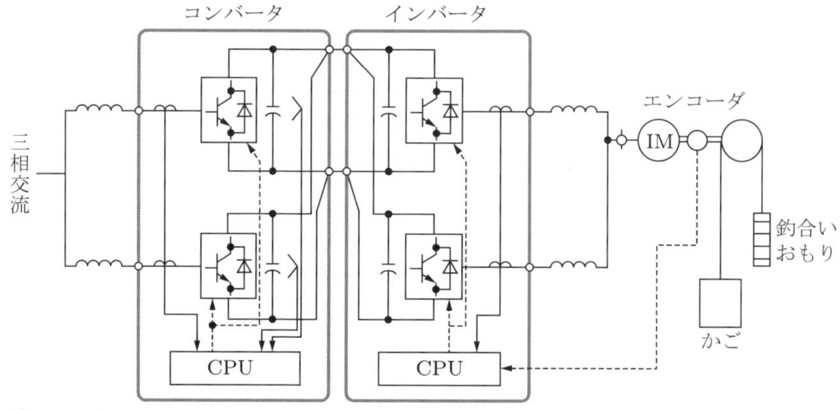

横浜ランドマークタワー
モータ出力 120 kW，回転数 240 min^{-1}，かご重量 1600 kg（24 名），
エレベータ速度 750 m/min（45 km/h）

図 14.11　高速エレベータの駆動システム

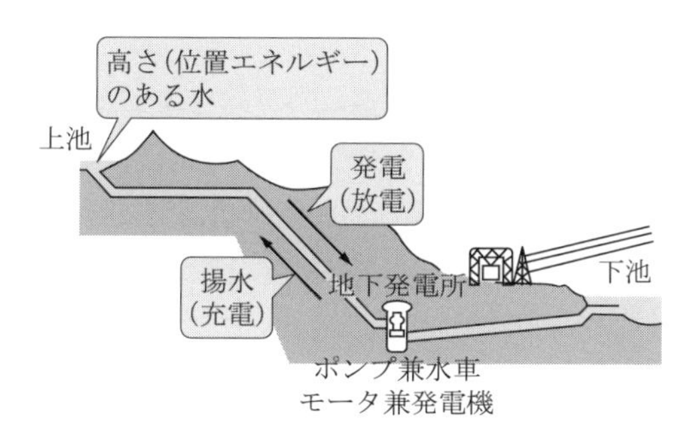

図 14.12　揚水式発電所のしくみ

下池から水をくみ上げる．このとき発電機を電動機として使い，発電用水車をポンプとして利用する．発電用水が再利用でき，さらに電力貯蔵が可能である．ポンプの回転数を制御すれば，くみ上げ時に電力負荷に応じて回転数をきめ細かく調整して電力系統の安定化を図ることができる．発電機には数 100 MW 級の誘導機が使われ，インバータで 2 次励磁されている．これにより発電周波数を一定にしながら回転数を制御したり，揚水量を制御したりすることが可能になる．

風力発電は無尽蔵な自然エネルギーから電力が得られるので各地に設置されている．風力発電には可変速風力発電システムが多く採用されるようになった．風力発電装置のしくみを図 14.13 に示す．変動する風速に応じてプロペラの回転数が変化し，同期発電機の周波数が変動する．風速に応じて周波数が変動する交流を直流に変換し，さらに商用周波数に変換して電力系統に供給する．最近では 2500 kW の発電能力を持つ

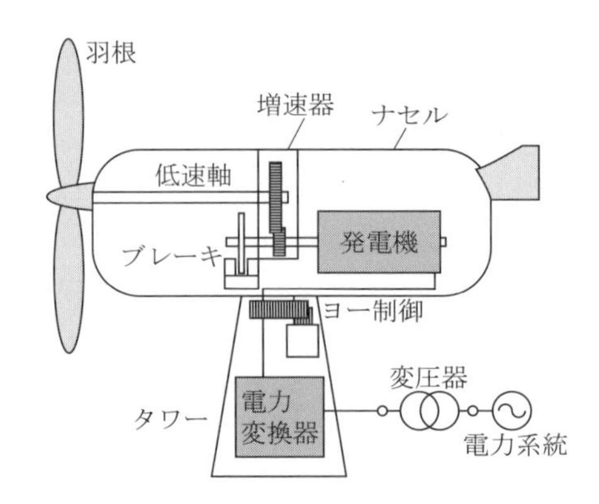

図 14.13　風力発電のしくみ

風車が標準的に使われている．

14.3.4　家電への応用

家電製品は電動機を利用しているものが多い．しかし古くは電動機の回転数が一定で回転数を切り換えて利用するものが多かった．パワーエレクトロニクスの発展により家電製品に組み込まれている電動機も制御するのが当たり前になってきた．制御により省エネルギー，高機能化などが実現している．ここでは代表的な家電製品でパワーエレクトロニクスがどのように使われているかを述べる．

(1) エアコン

エアコンの消費する電力は一般家庭の消費電力の20%以上を占めている．家電製品のうちもっとも早くパワーエレクトロニクスが本格的に導入されたのがエアコンである．エアコンは年間800万台程度が出荷されており，省エネルギーの効果が大きい．

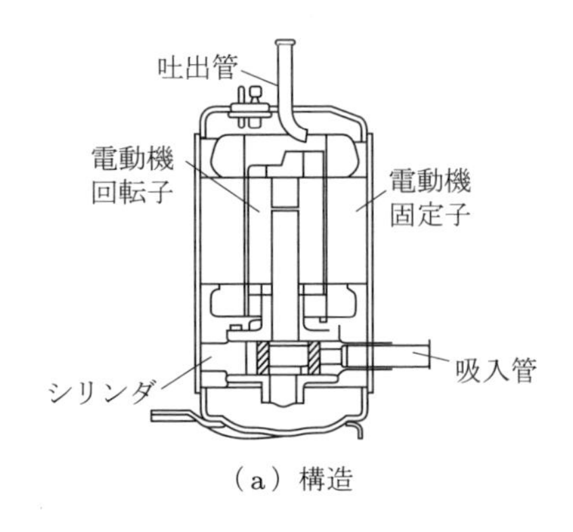

（a）構造

（b）組み込まれている同期モータ
（ダイキン工業（株）提供）

図 14.14　エアコン用圧縮機

エアコンは内部の圧縮機でガスを圧縮し，圧縮された高圧のガスを膨張させることにより周囲から蒸発熱を奪うので低温を得ることができる．圧縮機の駆動に同期電動機が使われている．図 14.14 にエアコンに使われている圧縮機とその内部に組み込まれている同期電動機を示す．電動機はインバータにより回転数制御され，室温の制御を行っている．

図 14.15 にエアコンに使われるインバータの主回路を示す．家庭用のエアコンは 100 V の商用電源で用いられることが多いが内部では倍電圧整流回路を用いており，圧縮機電動機は 200 V 級のものを使っている．冷蔵庫も同様な原理で冷却しており圧縮機の駆動にインバータが使われている．

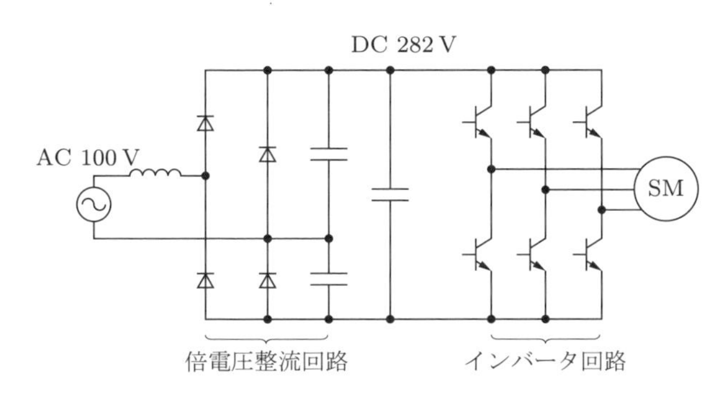

図 14.15　エアコン用インバータの回路

(2) 洗濯機

洗濯機は洗濯，脱水を自動的に行うものである．従来の縦型洗濯機は一定回転数の誘導電動機を減速器で減速して，さらにプーリーを切り換えて洗濯と脱水の回転数を変更していた．洗濯と脱水の回転数は約 1：7 である．

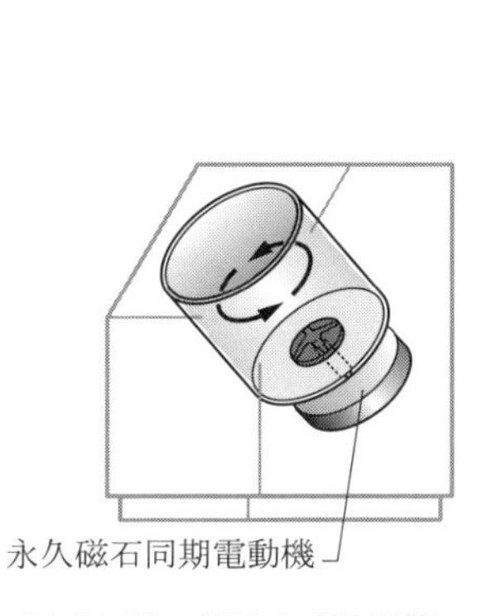

図 14.16　ドラム式洗濯機

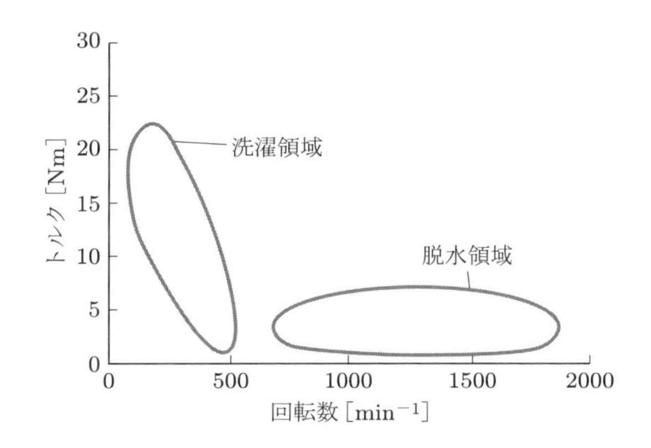

図 14.17　洗濯機用電動機の運転領域

一方，図14.16に示すようなドラム式洗濯機には電動機の回転軸と洗濯ドラムを直結した同期電動機が使われている．図14.17にドラム式洗濯機電動機が必要とするトルク回転数特性を示す．洗濯には脱水の約10倍の大きなトルクが必要であり，脱水には洗濯の約7倍の高速回転が必要とされるがトルクは小さい．このような制御を行うため数100 Wの同期電動機をダイレクトドライブ (DD) で用いている．制御のためのインバータはエアコンと同様に倍電圧整流回路を用いて200 V級の電動機を使用している．

(3) 情報機器

情報，音響，映像用のディスク駆動に数多くの電動機が使われている．HDD，CD-ROM，DVDの駆動装置などにはディスクを回転させるスピンドル電動機が必ず使われている．それ以外にも読出しヘッドの位置を調節するための電動機やディスクの出し入れなど数多くの電動機が使われている．

スピンドル電動機にはターンテーブルと一体になったアウタロータ型の薄型電動機が使われることもある．CDやDVDなどのデータはCLV (Constant Line Velocity) 方式とよばれる線速度一定で記録されている．ディスクを一定回転数で駆動すると内周と外周ではデータをトラッキングする線速度が異なってしまう．そこで線速度が一定になるように電動機を精密に制御している．一方，HDDは一定回転数に制御されているものが多い．

これらの情報機器用の電動機は回転数の精密な制御のほかに，データへのアクセスをすばやく行うため始動時の立ち上がり特性が速いことなどが要求される．パワーエレクトロニクスで行う制御や電動機の特性が製品の性能に直接反映される製品分野である．

第14章の演習問題

14.1　家電製品を一つ取り上げ，どのようなパワーエレクトロニクスが使われているか調べてみよ．

14.2　ある電動機がトルク10 Nm，回転数1000 min^{-1}で運転している．このときの電動機の出力を求めよ．

14.3　4極の三相誘導電動機を500 min^{-1}から4200 min^{-1}の間で可変速運転したい．インバータで駆動する場合，出力周波数の制御範囲を求めよ．

演習問題の解答

第1章

1.1 (1) 直流電力は電圧と電流をかけ算すれば求められる.

$$P = 12 \times 0.5 = 6\,\mathrm{W}$$

答 6 W

(2) 交流の有効電力は電圧と電流の積に力率をかける.

$$P = V \cdot I \cos\phi = 110 \times 12.7 \times 0.9 = 1257.3\,\mathrm{W}$$

答 1260 W

(3) 電圧が直流電圧一定であり，電流だけパルスである．このとき電流が流れている時間だけ電力が存在する．そのときの電力は一定電圧と瞬時の電流の積になる．ピーク電力は電流の最大値のときの電力である.

$$P = 20000 \times 0.1 = 2000\,\mathrm{W} = 2\,\mathrm{kW}$$

答 2 kW

1.2 電力 [W] は 1 秒あたりのエネルギーなので発生するエネルギー [J] は [W]×[s] となる．したがって，この電熱器は毎秒 400 J の熱エネルギーを生じることになる.

答 毎秒 400 J

1.3 時速 75 km/h で走行している 1 t の質量を持つ自動車の運動エネルギー U は次のようになる.

$$U = \frac{1}{2}mv^2 = \frac{1}{2} \times 10^3 \times \left(\frac{75 \times 10^3}{60 \times 60}\right)^2 = 217.01 \times 10^3 \to 217\,\mathrm{kJ}$$

このエネルギーが 5 秒間にすべて放出される．電力量 [Ws] はエネルギー [J] と等しい．したがって電力量は 217 kWs となる．しかし電力量は一般に kWh で表示するので，以下のようになる.

$$\text{電力量} = \frac{217.01}{60 \times 60} \to 0.060281\,\mathrm{kWh}$$

答 0.06 kWh

▶▶**解説** この答えを見て運動エネルギーは小さいと思うかもしれないが，60 W の照明を 1 時間点灯させることに相当する電力量である．移動体が停止するときの運動エネルギーを回収しないと，運動エネルギーはすべて熱になって空気中に放散されてしまう.

第2章

2.1 問図 2.1(b) の波形より次の諸量が読み取れる.

$$E = 141\,\mathrm{V}, \qquad T = 180\,\mu\mathrm{s}, \qquad T_{ON} = 60\,\mu\mathrm{s}$$

この数値を使って諸量を求める．

(1) 負荷抵抗 R の両端の平均電圧は式 (2.3) を用いる．

$$V_R = E \cdot \frac{T_{ON}}{T} = 141 \times \frac{60}{180} = 47\,\mathrm{V}$$

答　$V_R = 47\,\mathrm{V}$

(2) デューティファクタは式 (2.4) を用いる．

$$d = \frac{T_{ON}}{T} = \frac{60}{180} = 0.33333$$

答　$d = 0.33$

(3) スイッチング周波数は式 (2.6) を用いる．

$$f_s = \frac{1}{T} = \frac{1}{180 \times 10^{-6}} = 5555.6 \to 5.56\,\mathrm{kHz}$$

答　$f_s = 5.56\,\mathrm{kHz}$

(4) 負荷抵抗 R に流れる電流 I_R を2倍にするためにはオームの法則から負荷抵抗 R の平均電圧 V_R が2倍になればよい．つまり，デューティファクタを2倍にすればよい．このとき，オン時間も2倍となり，$120\,\mu\mathrm{s}$ となる．

答　$T_{ON} = 120\,\mu\mathrm{s}$

2.2　$7\,\Omega$ の負荷抵抗 R に $10\,\mathrm{A}$ の平均電流が流れているとき，抵抗の両端の平均電圧 V_R は次のようになる．

$$V_R = R \cdot I = 7 \times 10 = 70\,\mathrm{V}$$

これがスイッチングしたときの出力電圧となるので，デューティファクタ d は式 (2.5) を書き換えると次のようになる．

$$d = \frac{V_R}{E} = \frac{70}{141} = 0.5$$

デューティファクタ d，周期 T，オン時間 T_{ON}，スイッチング周波数 f_s の関係は式 (2.4) と式 (2.6) から次のようになる．

$$d = \frac{T_{ON}}{T} = f_s \cdot T_{ON}$$

したがってオン時間 T_{ON} は

$$T_{ON} = \frac{d}{f_s} = \frac{0.5}{10 \times 10^3} = 50\,\mu\mathrm{s}$$

と求めることができる．

答　$T_{ON} = 50\,\mu\mathrm{s}$

2.3　(1) $2\,\Omega$ の抵抗に $24\,\mathrm{V}$ の電圧がかかっているので，流れている電流はオームの法則から次のようになる．

$$I_R = \frac{24}{2} = 12\,\mathrm{A}$$

答 $I_R = 12\,\mathrm{A}$

(2) 可変抵抗 VR の両端の電圧 V_{VR} は入力電圧と出力電圧の差である．

$$V_{VR} = E - V_R = 100 - 24 = 76\,\mathrm{V}$$

可変抵抗を流れる電流 I_{VR} は I_R と等しいので $I_{VR} = 12\,\mathrm{A}$ である．したがって，可変抵抗で消費する電力 P_{VR} は

$$P_{VR} = V_{VR} \cdot I_{VR} = 76\,\mathrm{V} \times 12\,\mathrm{A} = 912\,\mathrm{W}$$

答 $P_{VR} = 912\,\mathrm{W}$

(3) 負荷抵抗 R で消費する電力が回路の出力となるので，効率 η は式 (2.12) を用いて，次のようになる．

$$\eta = \frac{[\text{出力電力}]}{[\text{入力電力}]} = \frac{12 \times 24}{912 + 12 \times 24} = 0.24$$

答 $\eta = 24\%$

第 3 章

3.1　波形を描くために，まず数値を求める．インダクタンスの両端の電圧は次のように定義する．

$$v_L = L\frac{di}{dt}$$

最初の 80 μs の区間では電流が 5 A 増加しているので，インダクタンスの電圧は次のようになる．

$$v_L = 1 \times 10^{-3} \times \frac{15 - 10}{80 \times 10^{-6}} = 62.5\,\mathrm{V}$$

次の 50 μs 区間は電流の変化がないので

$$v_L = 0\,\mathrm{V}$$

である．続く 30 μs 区間は電流が減少するので

$$v_L = 1 \times 10^{-3} \times \frac{10 - 15}{30 \times 10^{-6}} = -166.66 \to -167\,\mathrm{V}$$

となり，負の起電力を生じる．これらを図に描くと解図 3.1 のようになる．

答 解図 3.1 参照

3.2　入力する直流電圧 $E = 141\,\mathrm{V}$ が 80%に低下すると，

$$E_1 = 141 \times 0.8 = 112.8\,\mathrm{V}$$

となる．このときにも同一の出力電圧 $V_R = 70\ \mathrm{V}$ を得るために必要なデューティファクタは次のようになる．

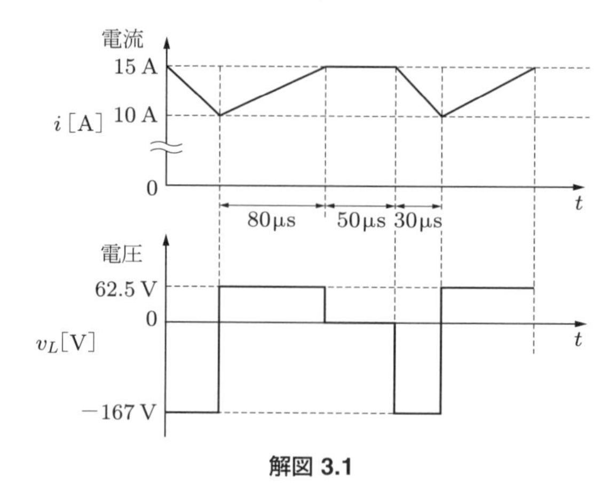

解図 3.1

$$d = \frac{V_R}{E_1} = \frac{70}{112.8} = 0.62057 \to 0.62$$

答　$d = 0.62$

3.3　(1)(2) 波形を描くために，まず数値を求める．インダクタンスの両端の電圧は式 (3.6) を用いて次のように表される．

$$100 = 3\,\mathrm{mH} \times \frac{\Delta I_{ON}}{80\,\mathrm{\mu s}}$$

これより

$$\Delta I_{ON} = 2.6667 \to 2.67\,\mathrm{A}$$

が得られる．これはインダクタンス電流のリプルの大きさである．

入出力電圧の関係はデューティファクタを使って表すことができる．

$$V_R = \frac{E}{1-d} = \frac{100}{0.2} = 500\,\mathrm{V}$$

負荷抵抗を流れる電流 I_R は，C が十分大きいと仮定しているので直流となる．

$$I_R = \frac{500\,\mathrm{V}}{250\,\Omega} = 2\,\mathrm{A}$$

ダイオードを流れる電流 I_D は C が十分大きいので $I_D = I_R$ となり $I_D = 2\,\mathrm{A}$ である．

コンデンサの充電電流と放電電流は定常状態では正負の面積が等しくなるので $I_C = 0\,\mathrm{A}$ となる．コンデンサによりダイオードがオフ期間には負荷抵抗に 2 A 電流を供給する．スイッチがオフ期間にはインダクタンスを流れる電流でコンデンサを充電する．

(3) 出力電力は

$$V_R \times I_R = 500 \times 2 = 1000\,\mathrm{W}$$

となり，損失がないと仮定しているので入力電力 = 出力電力である．したがって，入力電流

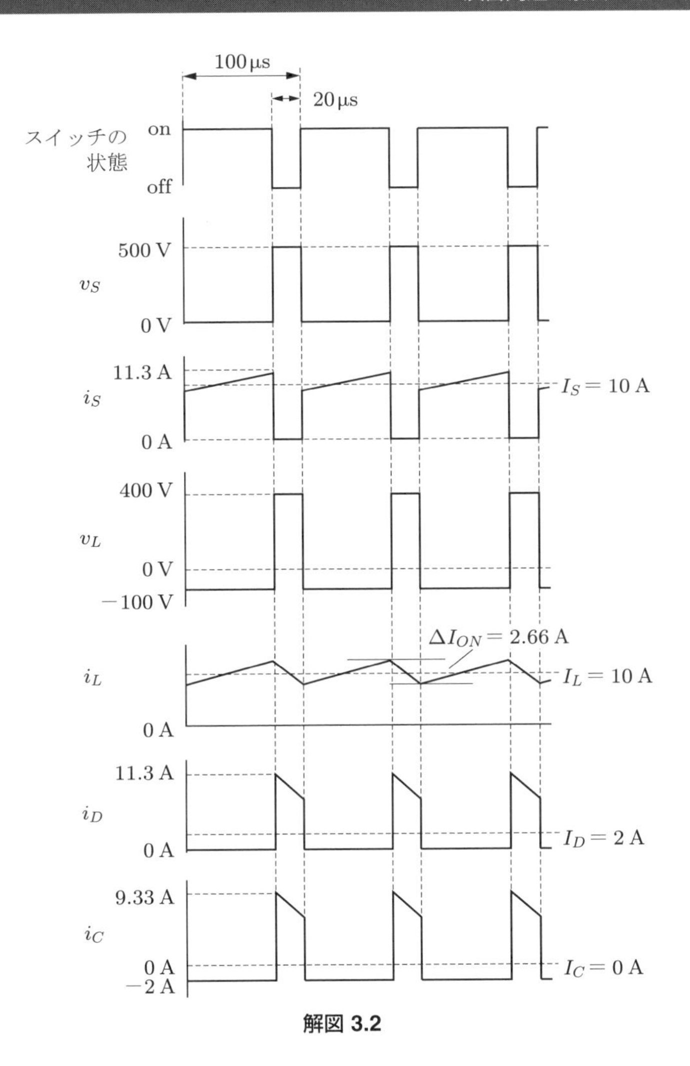

解図 3.2

すなわちインダクタンスを流れる電流の平均値 I_L を求めることができる.

$$I_L = \frac{1000\,\mathrm{W}}{100\,\mathrm{V}} = 10\,\mathrm{A}$$

インダクタンスを流れる電流の最大値は次のようになる.

$$I_L + \frac{\Delta I_{ON}}{2} = 11.333 \to 11.3\,\mathrm{A}$$

 (1) 解図 3.2 参照

(2) $I_L = 10\,\mathrm{A}$, $I_D = 2\,\mathrm{A}$, $I_C = 0\,\mathrm{A}$

(3) 入力電力は 1 kW

第4章

4.1　ダイオードが理想スイッチであれば完全にオフして電流がゼロのとき，電源電圧 100 V がそのまま v_{AK} に印加される．このとき電流はゼロである．また，理想スイッチであればオンしたときに電流は $100/10 = 10$ A 流れる．このとき $v_{AK} = 0$ である．理想スイッチであれば，交流電圧の瞬時値の変化に従って電流は $i_d = v/R$ のように変化する．しかし問いでは理想ダイオードでなく，問図 4.1(b) のような電圧電流特性である．このとき，ダイオードの動作は理想スイッチのオン時の動作点である (0 V，10 A) とオフ時の動作点である (100 V，0 A) を結んだ直線の上にある．この 2 点を結んだ直線とダイオード特性との交点が動作点である．

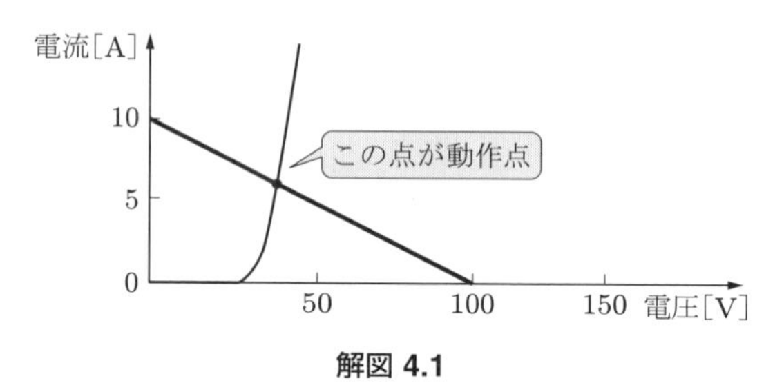

解図 4.1

答　解図 4.1 参照

4.2　**答**　(1) Insulated Gate Bipolar Transistor

(2) Fast Recovery Diode

(3) Metal Oxide Semiconductor Field Effect Transistor

(4) Schottky Barrier Diode

4.3　(1) スイッチング損失は式 (4.2) を用いて求める．式 (4.2) は $2f_s$ を使った式であり，オンとオフのスイッチング損失の合計が求められる．

$$P_{sw} = \frac{1}{6}V_{off} \cdot I_{on} \cdot \Delta T \cdot 2f_s = \frac{1}{6} \times 300 \times 100 \times (2 \times 10^{-6}) \times 2 \times \frac{1}{50 \times 10^{-6}}$$
$$= 400\,\mathrm{W}$$

答　$P_{sw} = 400\,\mathrm{W}$

(2) オン損失を生じる実際のオン時間はスイッチング時間を含まない．オン損失はデューティファクタ $d = 0.5$ から求めたオン時間で発生するのではなく，そこからスイッチング時間を除いて考える必要がある．スイッチングの立ち上がり，立ち下がり時間はスイッチング損失を生じると考える．

$$T_{ON} = 0.5 \times (50 \times 10^{-6}) - 2 \times 2 \times 10^{-6} = 21 \times 10^{-6}\,\mathrm{s}$$

$V_{on} = 2$V，$I_{on} = 100$ A なのでオン損失は 式 (4.1) を使って次のようになる．

$$P_{on} = 2 \times 100 \times (21 \times 10^{-6}) \times \frac{1}{50 \times 10^{-6}} = 84\,\mathrm{W}$$

答　$P_{on} = 84\,\mathrm{W}$

▶▶解説　スイッチング損失はスイッチング時間と周波数により変化するが，オン損失はほぼデューティファクタで決まり，スイッチング周波数にはあまり影響されない．

第5章

5.1　出力電力 P_{out} は次のように求められる．

$$P_{out} = 5\,\mathrm{V} \times 10\,\mathrm{A} = 50\,\mathrm{W}$$

効率 η，入力電力 P_{in}，出力電力 P_{out}，損失 P_{loss} は次のような関係である．

$$P_{out} = \eta \times P_{in} = P_{in} - P_{loss}$$

したがって，入力電力は次のように求めることができる．

$$P_{in} = \frac{P_{out}}{\eta} = \frac{50}{0.9} = 55.556 \to 55.6\,\mathrm{W}$$

入力電流 I_1 は

$$I_1 = \frac{P_{in}}{V_1} = \frac{55.556}{24} = 2.3148 \to 2.31\,\mathrm{A}$$

となる．損失 P_{loss} は入力と出力の差なので次のようになる．

$$P_{loss} = 55.556 - 50 = 5.556 \to 5.56\,\mathrm{W}$$

答　入力電流は 2.31 A，損失は 5.56 W

5.2　問図 5.1 に示されているのは双方向チョッパである．右から左に向けて L，IGBT_2，D_1，および C_2 を使って昇圧チョッパ回路を構成する．このとき，IGBT_1 はオフ状態である．左から右に向けて L，IGBT_1，D_2，および C_1 を使って降圧チョッパ回路を構成する．このとき，IGBT_2 はオフ状態である．いずれの回路でもインダクタンスは L を使う．

この回路は電動機には 650 V の高電圧を使い，バッテリには 250 V の直流電圧を使っている．この回路を使うことにより，次のような効果が得られる．

(1) 高電圧で電動機の電流が減るので電動機の効率が向上する．電動機は電流の 2 乗に比例

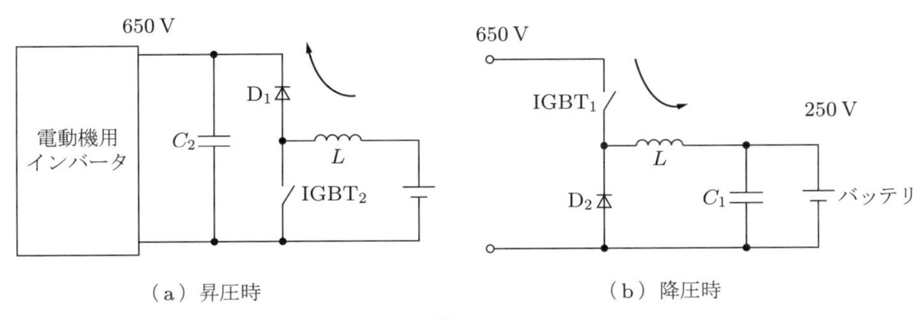

（a）昇圧時　（b）降圧時

解図 5.1

する損失が大きい（銅損）.

(2) バッテリの直列数が低下する．バッテリはセルの電圧が決まっており，高電圧にするためには数多くの直列接続が必要になる．直列数が多くなると，電圧の分担の不均一，電圧の反転などが生じやすくなり，バッテリの信頼性が低くなる．

なお，ハイブリッド自動車については 14.3.1 項を参照のこと．

5.3　まず，スイッチング周期を求める．スイッチング周期 T はスイッチング周波数 f_s の逆数なので次のようになる．

$$T = \frac{1}{f_s} = \frac{1}{10 \times 10^3} = 1 \times 10^{-4} = 100\,\mu\text{s}$$

デューティファクタが 0.5 なのでスイッチが導通しているオン時間 T_{ON} はスイッチング周期の半分の 50 μs である．抵抗分を無視しているのでインダクタンスのみの回路となり，回路方程式は次のようになる．

$$v_T(t) = L_1 \frac{di(t)}{dt}$$

電流値を求めるにはこの式を積分すればよい．

$$i(t) = \frac{1}{L_1}\int v_T(t)dt = \frac{1}{L_1}\int E dt = \frac{E}{L_1}\int 1\,dt$$

数値を代入すると，

$$i(t) = \frac{141}{1 \times 10^{-3}}\int_0^{50\times 10^{-6}} 1\ dt = \frac{141}{1 \times 10^{-3}}\,[t]_0^{50\times 10^{-6}} = 7.05\,\text{A}$$

となる．これを図に示すと解図 5.2 のようになる．

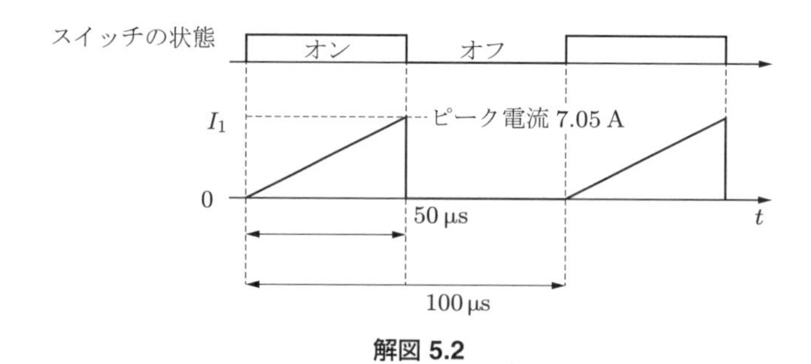

解図 5.2

答　ピーク電流は 7.05 A

第 6 章

6.1　(1) 負荷は抵抗だけなので抵抗を流れる電流 i は v と同じ波形である．このとき，オームの法則より，電流 i の振幅は $100/5 = 20\,\text{A}$ となる．実効値 I_{eff} は式 (10.2) を用いて次のように求める．

$$I_{eff} = \sqrt{\frac{1}{T}\int_0^T [i(t)]^2 dt} = \sqrt{\frac{1}{T}\int_0^T 20^2 dt} = 20\,\mathrm{A}$$

答　$I_{eff} = 20\,\mathrm{A}$

(2) 出力電力 P_R は抵抗の電流と電圧の積を 1 周期にわたって求める.

$$P_R = \frac{1}{T}\int_0^T v \cdot i dt = \frac{1}{T}\int_0^T v \cdot \frac{v}{R} dt = \frac{E^2}{R} = \frac{100^2}{5} = 2000\,\mathrm{W}$$

答　$P_R = 2000\,\mathrm{W}$　($2\,\mathrm{kW}$)

(3) 負荷電流は 20 A であり，出力電圧の極性に関わらず電源は常に負荷電流を供給している．したがって直流電源電流 i_d は直流の 20 A であり平均値 I_d と等しい．　答　$I_d = 20\,\mathrm{A}$

6.2　この回路は $\pm E/2$ を交互に出力する．したがって負荷の RL の両端には振幅 $E/2$ の矩形波の交流電圧が印加されることになる．

定常状態においてスイッチ S_1 がオンする時刻を $t = 0$ とする．$t = 0$ から S_1 がオンしている $T/2$ までの期間の電流は次のように表すことができる．

$$i(t) = \frac{E}{2R} - \left(i(0) - \frac{E}{2R}\right) e^{-\frac{R}{L}t}$$

定常状態なので $i(t)$ の平均はゼロになるはずである．つまり，次の関係が成り立つ．

$$i(0) = -i\left(\frac{T}{2}\right) \quad および \quad i(0) = i(T)$$

$t = T/2$ のとき電流を求めると次のようになる．

$$i\left(\frac{T}{2}\right) = \frac{E}{2R}\left(1 - e^{-\frac{R}{L}\cdot\frac{T}{2}}\right) - i(0)e^{-\frac{R}{L}\cdot\frac{T}{2}} = -i(0)$$

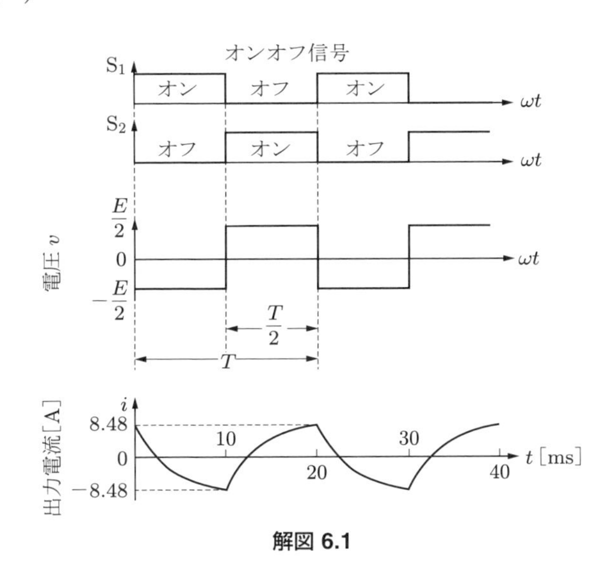

解図 6.1

式を整理し数値を代入すると電流の最大値は以下のようになる．

$$i(0) = -\frac{E}{2R} \cdot \frac{1 - e^{-\frac{R}{L} \cdot \frac{T}{2}}}{1 + e^{-\frac{R}{L} \cdot \frac{T}{2}}} = \frac{100}{10} \cdot \frac{1 - e^{-\frac{5}{2}}}{1 + e^{-\frac{5}{2}}} = 8.4829 \to 8.48\,\mathrm{A}$$

この値を用いて作図すると解図 6.1 のようになる．

答 8.48 A，解図 6.1 参照

6.3 負荷の各相の電流を i_U，i_V，i_W とすると中性点 N においてキルヒホッフの法則から次の関係が得られる．

$$i_U + i_V + i_W = 0$$

いま，負荷のインピーダンスを Z として表すとする．また，インバータの直流中性点 O と三相負荷の中性点 N の間の電圧を v_{NO} とすると次のように書くことができる．

$$\frac{v_{UO} - v_{NO}}{Z} + \frac{v_{VO} - v_{NO}}{Z} + \frac{v_{WO} - v_{NO}}{Z} = 0$$

これより次の関係が得られる．

$$v_{NO} = \frac{v_{UO} + v_{VO} + v_{WO}}{3}$$

この式を用いて v_{NO} の波形を描くと解図 6.2 のようになる．負荷の中性点 N の電圧（電源の中性点 O を基準とした電位）v_{NO} は出力周波数の 3 倍の周波数で振幅 $E/6$ の矩形波となる．負荷の相電圧は次のように表す．

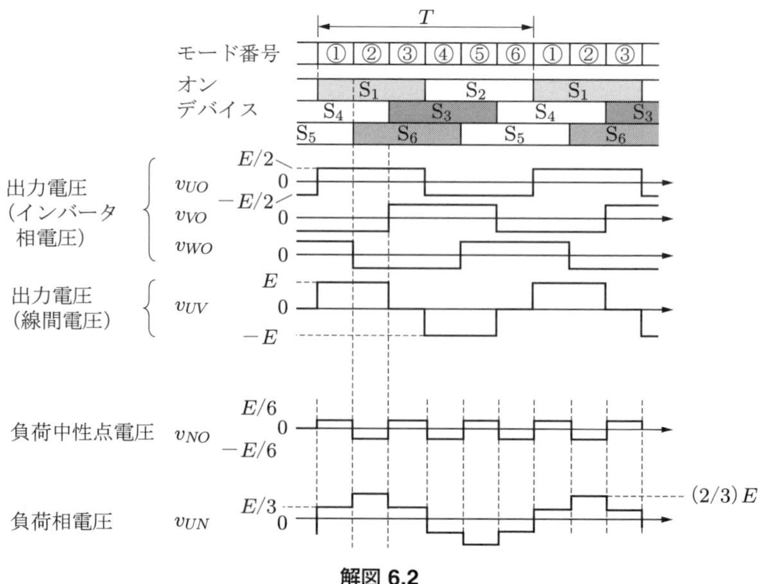

解図 6.2

$$v_{UN} = v_{UO} - v_{NO}$$

$$v_{VN} = v_{VO} - v_{NO}$$

$$v_{WN} = v_{WO} - v_{NO}$$

これを用いて作図すると，相電圧は $E/3$，$(2/3)E$，$E/3$，$-E/3$，$-(2/3)E$，$-E/3$ を繰り返すステップ状の波形となる．解図 6.2 には負荷の U 相の相電圧 v_{UN} の波形を示す．

答　解図 6.2 参照

第7章

7.1　(1) コンデンサ C は正弦波交流電圧の最大値（波高値）まで充電されるので，以下のようになる．

$$\sqrt{2} \times 100 = 141.42 \to 141\,\mathrm{V}$$

答　141 V

(2) v が正弦波の負の最大値となるときに，ダイオード D に加わる逆電圧が最大値となる．負の最大値は $-141\,\mathrm{V}$ である．コンデンサ C には 141 V がすでに充電されているのでダイオード D には 141×2 の 282 V の逆電圧が印加される．

答　282 V

7.2　交流電圧を次のように表す．ここで V は交流の実効値である．

$$v = \sqrt{2}V \sin\theta$$

このときの直流側の平均電圧 E_d は式 (7.4) に示すように次のようになる．

$$\begin{aligned} E_d &= \frac{1}{\pi}\int_0^{\pi} v d\theta = \frac{1}{\pi}\int_0^{\pi} \sqrt{2}V \sin\theta d\theta \\ &= \frac{1}{\pi}\left[-\sqrt{2}V\cos\theta\right]_0^{\pi} = \frac{2\sqrt{2}}{\pi}V = 0.9\,V \\ &= 0.9 \times 100 = 90\,\mathrm{V} \end{aligned}$$

直流の平均電圧は交流実効値の 0.9 倍の 90 V である．

平均電流 I_d は次のように求める．

$$I_d = \frac{E_d}{R} = \frac{90}{100} = 0.9$$

直流の平均電流は $I_d = 0.9\,\mathrm{A}$ である．

抵抗の消費電力の平均値 P_d は次のように，瞬時電力から求める．

$$\begin{aligned} P_d &= \frac{1}{\pi}\int_0^{\pi} v \cdot i\, d\theta = \frac{1}{\pi}\int_0^{\pi} (\sqrt{2}V\sin\theta)\left(\frac{\sqrt{2}V}{R}\sin\theta\right) d\theta \\ &= \frac{2V^2}{\pi R}\int_0^{\pi} \sin^2\theta\, d\theta = \frac{2V^2}{\pi R}\int_0^{\pi}\left(\frac{1-\cos 2\theta}{2}\right) d\theta \end{aligned}$$

$$= \frac{V^2}{\pi R}\left[\theta - \frac{\sin 2\theta}{2}\right]_0^{\pi} = \frac{V^2}{R} = \frac{100^2}{100} = 100\,\mathrm{W}$$

答　$E_d = 90\,\mathrm{V}$，$I_d = 0.9\,\mathrm{A}$，$P_d = 100\,\mathrm{W}$

▶解説　この整流回路の場合，抵抗には平滑化されていない瞬時の電圧が印加されるので，抵抗により消費する電力は瞬時電力から考える．コンデンサなどにより十分平滑化されて直流とみなせる場合，電力は平均電圧と平均電流の積となる．

$$P_d = V_d \cdot I_d = 90 \times 0.9 = 81\,\mathrm{W}$$

7.3　線間電圧 $v = \sqrt{2}V\sin\theta$ のとき，直流側の電圧は解図 7.1 のようになり，正弦波のピークを含む 60 度の区間の繰り返し波形となる．この波形の平均値は次のように求めることができる．

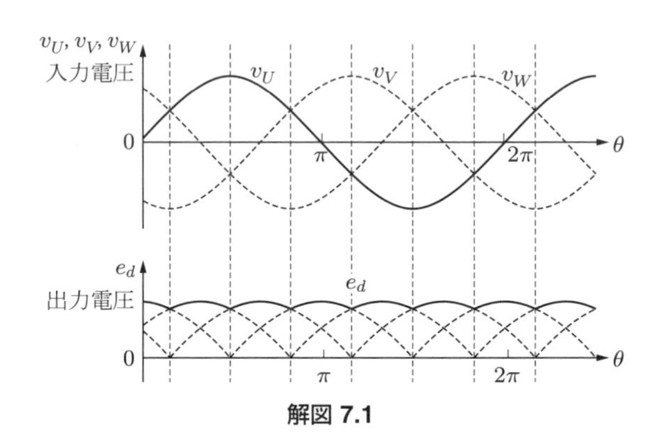

解図 7.1

$$E_d = \frac{3}{\pi}\int_{\pi/3}^{2\pi/3} v d\theta = \frac{3}{\pi}\int_{\pi/3}^{2\pi/3} \sqrt{2}V\sin\theta d\theta = \frac{3\sqrt{2}}{\pi}V$$

答　$E_d = \dfrac{3\sqrt{2}}{\pi}V$

第 8 章

8.1　入力する交流電圧を次のように表す．

$$v = \sqrt{2}V\sin\theta$$

実効値 V_{eff} は式 (10.2) から次のようになる．

$$V_{eff} = \sqrt{\frac{1}{\pi}\int_0^{\pi} {v_R}^2 d\theta}$$

解図 8.1 から $0 < \theta < \alpha$ では $v_R = 0$ なので以下のようになる．

$$V_{eff} = \sqrt{\frac{1}{\pi}\int_{\alpha}^{\pi}\left(\sqrt{2}V\sin\theta\right)^2 d\theta} = V\sqrt{\frac{2}{\pi}\int_{\alpha}^{\pi}\sin^2\theta d\theta} = V\sqrt{\frac{2}{\pi}\int_{\alpha}^{\pi}\frac{1-\cos 2\theta}{2}d\theta}$$

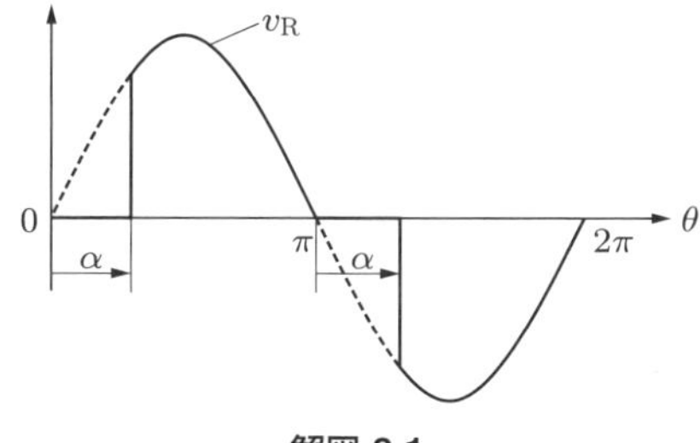

解図 8.1

$$= V\sqrt{\frac{2}{\pi}\left[\frac{\theta}{2} - \frac{\sin 2\theta}{4}\right]_{\alpha}^{\pi}} = V\sqrt{\frac{2(\pi-\alpha)+\sin 2\alpha}{2\pi}}$$

この式は本文式 (8.1) と同じである．この式からは $\alpha = 0$ にすればそのまま実効値 V が出力でき，α を増加させると，$\alpha = \pi$ のときに出力が $v_R = 0$ になるまで連続的に平均電圧が変化できることがわかる．

答　$V_{eff} = V\sqrt{\dfrac{2(\pi-\alpha)+\sin 2\alpha}{2\pi}}$

8.2　電圧の実効値 V_{eff} は前問の解答より

$$V_{eff} = V\sqrt{\frac{2(\pi-\alpha)+\sin 2\alpha}{2\pi}}$$

となる．この式に $R = 20\,\Omega$，$V = 100\,\mathrm{V}$，$\alpha = \pi/4$ を代入すると次のようになる．

$$V_{eff} = 100 \times \sqrt{\frac{2\,(\pi - \pi/4) + \sin(\pi/2)}{2\pi}} = 95.350 \to 95.4\,\mathrm{V}$$

このとき，電流の実効値 I_{eff} はオームの法則から求める．

$$I_{eff} = \frac{V_{eff}}{R} = \frac{95.35}{20} = 4.7675 \to 4.77\,\mathrm{A}$$

負荷抵抗の消費する電力は次のようになる．

$$P = R{I_{eff}}^2 = 20 \times 4.7675^2 = 454.58 \to 455\,\mathrm{W}$$

答　電圧の実効値 95.3 V，電流の実効値 4.77 A，消費電力 455 W

8.3　(1) 電源電圧を $v(t) = \sqrt{2}V\sin\theta$ とする．サイクル制御しない場合，

$$P = \frac{V^2}{R} = \frac{100^2}{100} = 100\,\mathrm{W}$$

である．

答　100 W

(2) サイクル制御した場合，電圧の実効値 V_{eff} は次のようになる．

$$V_{\mathit{eff}} = \sqrt{\frac{1}{T}\int_0^{T_{ON}} \left(\sqrt{2}V\sin\theta\right)^2 d\theta} = V\sqrt{\frac{1}{T}\int_0^{T_{ON}} (1-\cos 2\theta) d\theta}$$

$$= V\sqrt{\frac{T_{ON}}{T}} = V\sqrt{\frac{1}{2}} = 0.7V = 70\,\mathrm{V}$$

電力は

$$P = \frac{{V_{\mathit{eff}}}^2}{R} = \frac{70^2}{100} = 49\,\mathrm{W}$$

となる．

答　電圧の実効値は 70 V，抵抗の消費電力は 49 W

▶▶**解説**　デューティファクタが 0.5 のとき，電圧が 0.7 倍になるので電力はその 2 乗で約 1/2 になる．興味のある人は，デューティファクタを横軸にとり電圧と電力の関係をグラフ化してみてほしい．

第9章

9.1　5 Hz の正弦波 1 周期に 1 kHz の搬送波の三角波のピークは 200 個ある．半周期では三角波のピークは 100 個あることになる．PWM 制御を行うと 100 個のパルスを出力する．

100 Hz のときには半周期でピークが 5 個あるので，パルス数は 5 個である．このときの波形を解図 9.1 に示す．

なお，正弦波と三角波の位相関係のとりかたによりパルスの出現位相が異なることに注意してほしい．

答　5 Hz のとき 100 個，100 Hz のとき 5 個

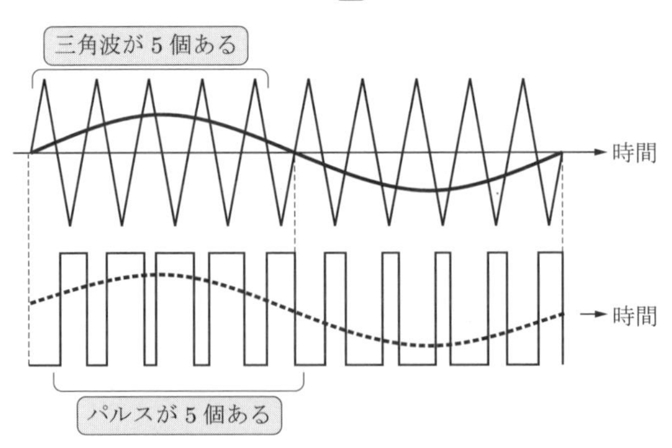

解図 9.1

9.2　出力の線間電圧の実効値と変調率の関係は式 (9.7) を用いて求める．

$$V_{1rms} = \sqrt{\frac{3}{2}}\frac{E}{2}M$$

式を変形して数値を代入すると次のようになる．

$$M = \frac{\sqrt{2}}{\sqrt{3}} \times \frac{2}{280} \times 100 = 0.58321 \to 0.583$$

答 $M = 0.583$

9.3 いま $\omega t = \theta$ として相電圧を $v_{UO}(\theta)$ のように表記すると，相電圧 v_{UO} と v_{VO} には次の位相関係がある．

$$v_{UO}(\theta) = v_{VO}\left(\theta - \frac{2}{3}\pi\right)$$

キャリア周波数 f_c と正弦波の信号周波数 f_r の比を次のようにおく．

$$\frac{f_c}{f_r} = k$$

これを用いて U 相の相電圧 v_{UO} に含まれている周波数が k 倍の高調波成分を次のように表す．

$$V_{ck} = V_k \sin(k\theta)$$

このとき V 相の相電圧 v_{VO} は次のように表される．

$$V_{ck} = V_k \sin\left\{k\left(\theta - \frac{2}{3}\pi\right)\right\} = V_k \sin\left(k\theta - \frac{2k}{3}\pi\right)$$

ここで，k は 3 の奇数倍である．そこで式 (9.8) によって

$$\frac{f_c}{f_r} = 3(2n-1) \qquad n = 1, 3, 5, \cdots$$

となることがわかっているので，k を次のように表す．

$$k = 3(2n-1) \qquad n = 1, 3, 5, \cdots$$

したがって，V 相の位相を表す項は次のように表すことができる．

$$\frac{2k}{3}\pi = 2\pi \times 奇数$$

その結果，

$$V_k \sin\left(k\theta - \frac{2k}{3}\pi\right) = V_k \sin(k\theta)$$

となる．U 相電圧 v_{UO} と V 相電圧 v_{VO} に含まれる k 次の成分はいずれも $V_k \sin(k\theta)$ となり，等しいことになる．線間電圧 v_{UV} は $v_{UV} = v_{UO} - v_{VO}$ として相電圧の差となるため，両者に含まれている $V_k \sin(k\theta)$ は消去されてしまう．したがって k 次の成分，すなわち，3 の奇数倍の周波数成分は線間電圧には現れないことになる．

第10章

10.1 a_n を求めると

$$a_n = \frac{1}{\pi}\int_0^{2\pi} v(\theta)\cos n\theta d\theta = 0$$

となる．この波形は奇関数 (原点まわりの点対称) なのでフーリエ級数は sin 項だけになる．したがって

$$b_n = \frac{1}{\pi}\int_0^{2\pi} v(\theta)\sin n\theta d\theta$$

のみ求めればよい．

また半周期の対称性を持つので奇数次だけを計算すればよい．したがって，次の式を求めればよい．

$$\begin{aligned} b_{2n+1} &= \frac{1}{\pi}\int_0^{2\pi} f(\theta)\sin(2n+1)\theta d\theta \\ &= \frac{1}{\pi}\left[\int_0^{\pi} E\sin(2n+1)\theta d\theta + \int_{\pi}^{2\pi}\{-E\sin(2n+1)\theta\}\, d\theta\right] \\ &= \frac{2E}{\pi}\left[\frac{-\cos n\theta}{2n+1}\right]_0^{\pi} = \frac{4E}{\pi(2n+1)} \end{aligned}$$

この波形をフーリエ級数により表すと次のようになる．

$$v(\theta) = \frac{4E}{\pi}\left[\sin\theta + \frac{1}{3}\sin 3\theta + \frac{1}{5}\sin 5\theta + \frac{1}{7}\sin 7\theta + \cdots\right]$$

答 $v(\theta) = \dfrac{4E}{\pi}\left[\sin\theta + \dfrac{1}{3}\sin 3\theta + \dfrac{1}{5}\sin 5\theta + \dfrac{1}{7}\sin 7\theta + \cdots\right]$

▶▶**解説**　矩形波では奇数次のみで表され，n 次の振幅は $1/n$ になることに注意．

10.2 本文式 (10.5) より平均値 V_{mean} は次のようになる．

$$V_{mean} = \frac{1}{\pi}\int_0^{\pi} E d\theta = E$$

また，実効値 V_{eff} も本文式 (10.6) より次のようになる．

$$V_{eff} = \sqrt{\frac{1}{2\pi}\left[\int_0^{\pi} E^2 d\theta + \int_{\pi}^{2\pi}(-E)^2 d\theta\right]} = E$$

平均値，実効値とも E [V] である．また，式 (10.12) から，

$$V_{rms} = \sqrt{{V_1}^2 + {V_2}^2 + {V_3}^2 + {V_4}^2 + \cdots} = V_{eff}$$

である．

電圧ひずみ率 (THD) は式 (10.24) の I を V に代えて次のように表される．

$$\mathrm{THD} = \frac{\sqrt{{V_2}^2 + {V_3}^2 + {V_4}^2 + \cdots}}{V_1}$$

前問の解答より

$$V_1 = \frac{4E}{\pi} \sin\theta$$

なので，その実効値は

$$V_{1rms} = \frac{4E}{\pi} \cdot \frac{1}{\sqrt{2}}$$

となる．したがってひずみ率は次のように求めることができる．

$$\mathrm{THD} = \frac{\sqrt{{V_{rms}}^2 - {V_{1rms}}^2}}{V_1} = \frac{\sqrt{E^2 - \left(\dfrac{4E}{\pi} \cdot \dfrac{1}{\sqrt{2}}\right)^2}}{\dfrac{4E}{\pi} \cdot \dfrac{1}{\sqrt{2}}} = 0.48347$$

答　THD = 48%

▶▶解説　フーリエ級数に分解した各次数成分は各次数の正弦波の瞬時値を表しているので，実効値換算するためにはそれぞれを $\sqrt{2}$ で割る必要がある．

10.3　(1)

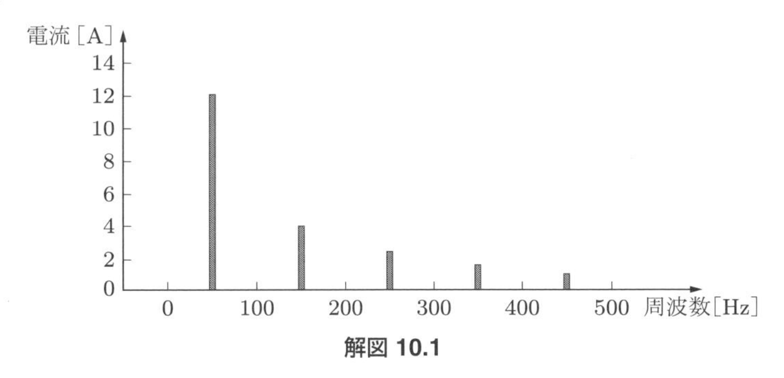

解図 10.1

答　解図 10.1 参照

(2)　ひずみ率は式 (10.24) を用いて求める．

$$\mathrm{THD} = \frac{\sqrt{\sum_{k=2}^{40} {I_k}^2}}{I_1} = \frac{\sqrt{4^2 + 2.4^2 + 1.7^2 + 1.3^2}}{12} = \frac{5.1323}{12}$$

$$= 0.42769 \rightarrow 0.43$$

答　THD = 43%

(3) 総合力率 PF は式 (10.25) を用いて求める．

$$PF = \frac{I_1 \cos\phi_1}{\sqrt{\sum_{k=1}^{40} {I_k}^2}} = \frac{\cos\phi_1}{\sqrt{1 + (\mathrm{THD})^2}} = \frac{1}{\sqrt{1 + 0.42769^2}} = 0.91944 \rightarrow 0.92$$

答　$PF = 92\%$

第11章

11.1　解表11.1のように比較する．

解表11.1

デバイス	バイポーラトランジスタ	IGBT
駆動原理	電流をベースに流し込んでオンさせる電流駆動である．	ゲートに電圧をかけてオンさせる電圧駆動である．
駆動電流	オンの期間中ベース電流を流し続ける．駆動のために電力が必要．	オンのときだけパルス状の電圧をかけるので駆動電流はゼロと考えてよい．
ターンオフの特性	バイポーラ素子なので少数キャリアがあり，オフするには少数キャリアをベースから排出させることが必要であり，逆方向にベース電流を流す必要がある．このため蓄積時間がある．	ゲートの静電容量に蓄積された電荷を引き抜くためにマイナスの電圧パルスを印加すればよい．
駆動波形	本文図11.1参照	

11.2　問図11.1(a)に示す直列接続回路の合成静電容量C_sは次のようになる．

$$C_s = \frac{4 \times 2}{4+2} = \frac{4}{3}\,\mu\mathrm{F}$$

この合成静電容量に蓄えられる電荷の大きさQは次のようになる．

$$Q = C_s \cdot V = \frac{4}{3} \times 6 = 8\,\mu\mathrm{C}$$

回路から切り離されても，それぞれのコンデンサはこの電荷を蓄積している．つまり図(b)のように並列に接続されたとき並列回路には合計16 μCの電荷が蓄積されている．また，合成静電容量C_pは次のようになる．

$$C_p = 4 + 2 = 6\,\mu\mathrm{F}$$

したがって並列接続後の両端の電圧Vは

$$V = \frac{Q}{C_p} = \frac{8}{6} = \frac{4}{3}\,[\mathrm{V}]$$

となる．

答　$V = 1.33\,[\mathrm{V}]$

▶▶**解説**　コンデンサの並列回路と直列回路のはたらきの違いをよく認識してほしい．

11.3　オン期間中にインダクタンスに加わる電圧は次のようになる．

$$v_L = E - V_R = 15 - 10 = 5\,\mathrm{V}$$

インダクタンスの電圧と電流の関係は次のようになる．

$$v_L = L\frac{di_L}{dt}$$

図 (b) よりオン期間では，$T_{ON} = 5\,\mathrm{ms}$ 間に $\Delta i_L = 1\,\mathrm{A}$ の電流変化をしていることが読み取れる．これより，

$$L = v_L \cdot \frac{T_{ON}}{\Delta i_L} = 5 \times \frac{5 \times 10^{-3}}{1} = 25\,\mathrm{mH}$$

となる．

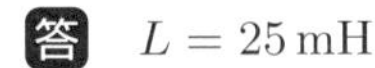
答 $L = 25\,\mathrm{mH}$

第12章

12.1 パワーエレクトロニクス関係で購入せずに使えるシミュレータとしては 2016 年現在で下記のようなものがある．英語だけのサイトもあるので覚悟すること．

(1) PCIM　デモ版

`https://www.myway.co.jp/products/psim/download/promotion.html`

(2) PLECS　トライアルライセンス

`http://www.plexim.com/ja/trial`

(3) LT SPICE　フリー版

`http://www.linear-tech.co.jp/designtools/software/`

(4) EMTP　パブリックドメインソフト

`http://www.emtp.org/`

(5)MATLAB　評価版（30 日間期限のライセンス）

`http://jp.mathworks.com/programs/trials/trial_request.html`

(6) SIMPLORER　学生用（一時的に入手できなくなっているが重要なソフトなので掲載）

`http://simplorer-student-version.updatestar.com/ja`

12.2 配線に解図 12.1(a) に示すような三相のキャブタイヤケーブルを使っているとする．導体には距離に比例する抵抗がある．この抵抗分は導体に直列に接続されているとモデル化

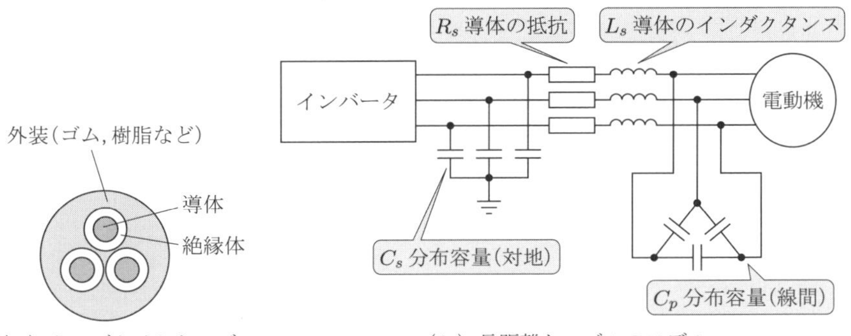

（a）キャブタイヤケーブルの断面図　（b）長距離ケーブルのモデル

解図 12.1

する．直線状の導体にはインダクタンスがある．長さが長いとこのインダクタンスは無視できなくなる．そのため，各相の導体はインダクタンスが直列接続されている回路となる．また，導体間には絶縁物があり，さらに絶縁物を介して大地との間にも静電結合がある．そのため並列にコンデンサを組み込む必要がある．コンデンサは導体間および導体と大地間に並列接続する．結果として図 (b) のような回路として考える．

なお，現在使われているスイッチング周波数（10 kHz 程度）では解図のような集中定数で検討しても大きな問題がないが，スイッチング周波数が高い場合には分布定数回路で考えなくてはならない場合もある．

12.3　電動機の等価回路は何を表し解析するかによりさまざまな回路が使われる．ここでは電動機の出力が表せるもっとも一般的な等価回路を解図 12.2 に示す．

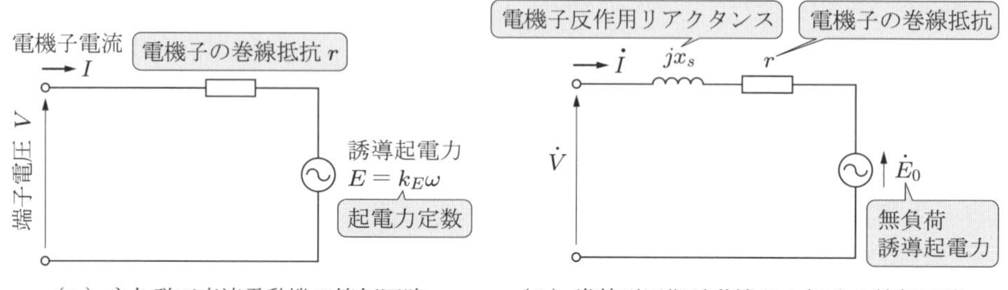

（1）永久磁石直流電動機の等価回路　（3）巻線形同期電動機の 1 相分の等価回路

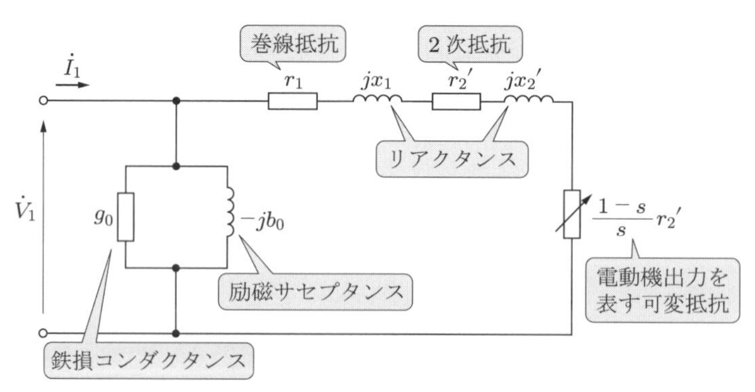

（2）かご形誘導電動機の 1 相分の L 型等価回路

解図 12.2

答　解図 12.2 参照

第 13 章

13.1　本文式 (13.2) を用いて損失を求めることができる．

$$P_C = (E - V_R)I_R$$

この式より，損失が最大になるのは入力電圧が最大で，かつ出力電流も最大のときである．そこで入力電圧の最大値 31 V と出力電流の最大値 1000 mA を代入して計算すればよい.

$$P_{Cmax} = (31 - 5) \times 1000 \times 10^{-3} = 26\,\mathrm{W}$$

答　26 W

▶▶**解説**　負荷では最大でも $5\,\mathrm{V} \times 1000\,\mathrm{mA} = 5\,\mathrm{W}$ しか消費しないのに, 3 端子レギュレータの最大損失はその 5 倍以上となってしまうということを示している.

13.2　本文式 (5.5) は次の式である.

$$P_{loss} = \left(I_{L0} - \frac{I_{L0}}{E} \cdot V_{CE} \right) \cdot V_{CE}$$

最大値を求めるためにこの式の両辺を V_{CE} で微分したものを 0 とおく.

$$\frac{dP_{loss}}{dV_{CE}} = I_{L0} - 2 \times \frac{I_{L0}}{E} \cdot V_{CE} = 0$$

これより,

$$2 \times \frac{I_{L0}}{E} \cdot V_{CE} = I_{L0}$$

となる. この式より

$$V_{CE} = \frac{E}{2}$$

のときに P_{loss} が最大値となることがわかる. このときの損失は,

$$P_{loss\,max} = \frac{E \cdot I_{L0}}{4}$$

となる.

答　コレクタ損失が最大となるのは $V_{CE} = E/2$ のときで, そのとき $P_{loss\,max} = E \cdot I_{L0}/4$ である.

13.3　出力すべき交流電圧の最大値, 最小値は $202 + 12 = 214\,\mathrm{V}$, および $202 - 12 = 190\,\mathrm{V}$ である. これは実効値であるので $\sqrt{2}$ をかけて波高値に換算すると, それぞれ 303 V, 269 V となる. 単相インバータの場合インバータの直流電圧が出力する交流電圧の波高値の最大値となる. したがって, 昇圧比がもっとも大きいのはパネルの発電電圧がもっとも低く, かつ交流電圧がもっとも高いときであるので次のようになる.

$$\text{最大昇圧比} \quad \frac{303}{150} = 2.02$$

一方, 昇圧比がもっとも小さいのはパネルの発電電圧がもっとも高く, かつ交流電圧がもっとも低いときであるので次のようになる.

$$\text{最小昇圧比} \quad \frac{269}{550} = 0.48909 \to 0.49$$

このとき昇圧はできない. 昇圧チョッパでは降圧ができないので昇圧チョッパは動作させず (昇圧比 = 1) 直流電圧をそのままインバータに入力する. 550 V の直流電圧をインバータの

変調率を制御して出力電圧が波高値 269 V になるように制御する．

答 最大昇圧比は 2.02，最小昇圧比は 1 である．直流電圧が高い場合は昇圧せず，（昇圧比：1）パネルの発電電圧をそのまま用いてインバータで出力電圧を制御する．

第14章

14.1 （解答略） エアコン，洗濯機の例は本文 14.3.4 項に簡単に述べてある．これらについて取り上げる場合はより詳しく調べてみること．

14.2 出力はトルクと回転数の積となり，次のように表される．

$$P\,[\mathrm{W}] = T\,[\mathrm{Nm}] \cdot \omega\,[\mathrm{rad/s}]$$

単位系をそろえるために回転数を換算する．

$$1000\,\mathrm{min}^{-1} = 1000 \times \frac{2\pi}{60} = 104.71\,\mathrm{rad/s}$$

したがって，

$$P = 10 \times 104.71 = 1047.1\,\mathrm{W} \to 1\,\mathrm{kW}$$

答 約 1 kW

▶▶解説 1 kW，10 Nm，1000 min^{-1} の組み合わせを目安として覚えておくと暗算しやすい．

14.3 誘導電動機の回転数 N，極数 P，周波数 f の関係は次のように表される．

$$N\,[\mathrm{min}^{-1}] = \frac{120f}{P}(1-s)$$

ここで，すべり s が小さいとして無視し，周波数を求める式に変形する．

$$f\,[\mathrm{Hz}] = \frac{P \times N\,[\mathrm{min}^{-1}]}{120}$$

$P = 4$ を代入すると次のようになる．

$$N = 500\,\mathrm{min}^{-1}\text{のとき},\ f = 16.7\,\mathrm{Hz}$$

$$N = 4200\,\mathrm{min}^{-1}\text{のとき},\ f = 140\,\mathrm{Hz}$$

答 周波数を 16.7 Hz から 140 Hz の範囲で制御する必要がある．

▶▶解説 実際の機械では回転数を毎分回転数（単位，[min^{-1}] または [rpm]）で表すことが多いので，この式を覚えておくと役に立つ．

索　引

著 者 略 歴

森本　雅之（もりもと・まさゆき）

1975 年　慶應義塾大学工学部電気工学科卒業
1977 年　慶應義塾大学大学院修士課程修了
1977 年～2005 年　三菱重工業（株）勤務
1990 年　工学博士（慶應義塾大学）
1994 年～2004 年　名古屋工業大学非常勤講師
2005 年～2018 年　東海大学教授

編集担当　千先治樹（森北出版）
編集責任　石田昇司（森北出版）
組　　版　藤原印刷
印　　刷　　同
製　　本　　同

よくわかるパワーエレクトロニクス

2016 年 9 月 30 日　第 1 版第 1 刷発行
2024 年 1 月 19 日　第 1 版第 5 刷発行

著　　者　森本雅之
発 行 者　森北博巳
発 行 所　**森北出版株式会社**
東京都千代田区富士見 1-4-11（〒102-0071）
電話 03-3265-8341 ／ FAX 03-3264-8709
http://www.morikita.co.jp/
日本書籍出版協会・自然科学書協会　会員
JCOPY ＜（社）出版者著作権管理機構 委託出版物＞

落丁・乱丁本はお取替えいたします.

Printed in Japan ／ ISBN978-4-627-77041-6